基于网上电网的配电网
规划技术应用

JIYU WANGSHANG DIANWANG DE PEIDIANWANG
GUIHUA JISHU YINGYONG

国网浙江省电力有限公司宁波供电公司 / 著

U0311146

重庆大学出版社

图书在版编目（CIP）数据

基于网上电网的配电网规划技术应用 / 国网浙江省
电力有限公司宁波供电公司著. -- 重庆 : 重庆大学出版
社, 2024. 5. -- ISBN 978-7-5689-4544-8

Ⅰ. TM715

中国国家版本馆CIP数据核字第2024S5A414号

基于网上电网的配电网规划技术应用

国网浙江省电力有限公司宁波供电公司　著

策划编辑：鲁　黎

责任编辑：陈　力　　装帧设计：鲁　黎

责任校对：刘志刚　　责任印制：张　策

———————————————————————

重庆大学出版社出版发行

出版人：陈晓阳

社　　址：重庆市沙坪坝区大学城西路21号

邮　　编：401331

电　　话：（023）88617190　88617185（中小学）

传　　真：（023）88617186　88617166

网　　址：http://www.cqup.com.cn

邮　　箱：fxk@cqup.com.cn（营销中心）

全国新华书店经销

重庆长虹印务有限公司印刷

———————————————————————

开本：720mm×1020mm　1/16　印张：13　字数：200千

2024年5月第1版　　2024年5月第1次印刷

ISBN 978-7-5689-4544-8　定价：68.00元

编委会

编写组

▶ 主　编：谢宇哲

副主编：李　智　周　盛　黄晶晶　朱　超

参　编：林宇峰　黄　珂　孙晨航　吴　越

　　　　余　彪　竺沁然　陈思培　杨艳湄

　　　　公　正　叶　晨　贺艳华　方韧杰

　　　　冯怿彬　韩寅峰　闻　铭　盛发明

　　　　梁　邱　杨逸舒　李志刚　李元林

　　　　孙益辉　谷纪亭　喻　琰　王　坤

　　　　胡哲晟　张曼颖　黄森炯　蔡振华

　　　　李　杨　岳　衡　章晨晨　朱　鸿

目 录

1. 项目背景

党的二十大提出要加快建设网络强国、数字中国等重大战略部署，习近平总书记多次就发展数字经济、以信息化提升国家治理体系和治理能力作出重要指示和批示。国家电网公司以习近平新时代中国特色社会主义思想为指导，顺应能源革命和数字革命相融并进大趋势，贯彻落实总书记提出的"四个革命、一个合作"能源安全战略，大力推进能源互联网规划建设，抢抓数字经济带来的重要机遇，聚焦数字化转型的重大需求，部署实施"数字新基建"十大重点任务，全面开展产业升级、提质增效专项行动，深入推进管控模式优化等各项工作。

作为"数字新基建"的重要内容，"网上电网"推进数字技术与传统电网的双向互动、共生共进，以数字化、网络化、智能化为电网赋能赋智，是国家电网公司数字化转型和智能化发展的重要抓手，对贯彻推进电网高质量发展及推动公司战略落地具有重要意义。

当前，国家电网公司既要面对电量放缓的客观实际，又要满足降电价、稳投资、提品质等社会要求，迫切需要进一步提升公司和电网发展的效率、效益和质量。"网上电网"从发展专业入手，将电网搬上网，打通公司各专业信息系统，实现数据自动集成，发挥地图实景、电力大数据、人工智能等技术，实现智能规划、高效前期、精准投资、精益计划、自动统计和协同服务。这既是规划分析手段的重大突破，也是发展管理业务的重大升级，更是发展作业模式的重大变革。同时，通过场景化、模块化的方式将配电网诊断—规划—接入—建设—运行—评价等全环节业务嵌入统一平台，支撑规划、投资、建设、运营全流程线上作业，真正落实"业务一条线"，推动网上规划电网，网上建设电网，网上运营电网。这是建设坚强智能电网，做强主导产业，实现产业升级的关键内容和有效手段，对公司进一步提质增效、创新发展具有重要支撑作用。

2. 网上电网简介

2.1 "网上电网"平台简介

"网上电网"是国家电网公司重点部署推广的电网发展业务平台，全面应用智能规划、高效前期、精益计划、精准投资、自动统计等业务场景构建电网发展导航一张图，实现发展管理业务单轨化、常态化线上运转。

网上电网业务导航图如图 2.1 所示。

项目智能评价，统计自动闭环

将项目与设备、成本与收益、资产与服务关联，以资产收益为主线，以服务发展为导向，自动实现项目智能评价。投建设备自动感知，实现实时自动统计。

项目智能优选，三率合一监测

项目决策与问题关联，按照投资能力智能安排投资计划，项目执行全面贯通运行态、建设态和规划态电网，夯实项目投资的过程管控。

多维数据导航，可研辅助评审

紧密围绕发展业务一张图，打造泛在电力物联网全景图，实现气象环境、地形地貌、电网项目的一张图展示，智能预警廊道和电网布局风险，实现数字化、可视化的可研辅助评审。

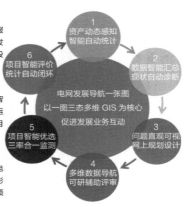

资产动态感知，智能自动统计

广泛集成公司现有 26 个业务系统数据，通过互检匹配资产台账数据实现源、网、荷、储全方位实时动态自动统计，夯实电网发展业务基础。

数据智能汇总，现状自动诊断

智能匹配资产台账数据和电力运行数据，以资产利用效率为抓手，实现从特高压至用户电表全电压等级电网现状的自动分析诊断。

问题直观可视，网上规划设计

将自动诊断标签与现状电网资产设备紧密结合，自动辨识电网根源问题，可视化展示问题分布，充分利用在线仿真计算，实现规划项目所见即所得，规划效果一目了然。

图 2.1 网上电网业务导航图

"网上电网"基于融合共建理念设计统一集成服务总线，抽取公共功能和共用数据设计发展业务服务和发展数据服务两类公共服务，开发六大类面向发展专业应用的功能集群，灵活构建适用各层级、各专业多业务场景的工作平台（即"126N"架构）。

网上电网总体架构如图 2.2 所示。

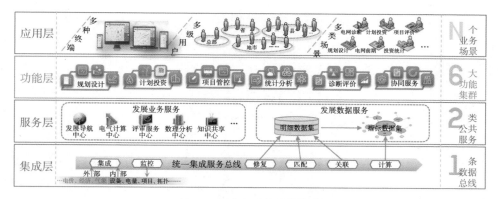

图 2.2　网上电网总体架构图

按照"一图、一网、一平台"的思路，通过一网、一图建立"网上电网"的基础支撑，通过统一平台提供分板块、多场景、微应用的专业应用和高级应用构建服务能力。网上电网系统架构如图 2.3 所示。

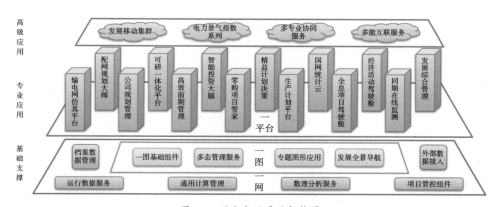

图 2.3　网上电网系统架构图

经过近几年的大力建设、推广和应用，已基本实现发展业务数据一个源、电网导航一张图和各典型业务场景应用。网上电网主要功能如图 2.4—图 2.6 所示。

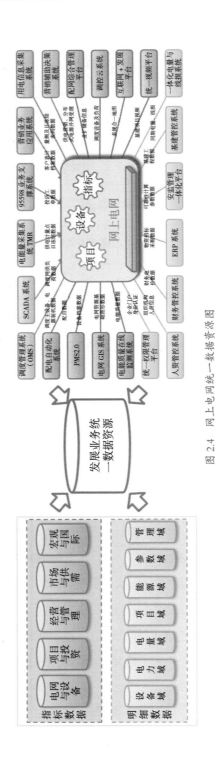

图 2.4 网上电网统一数据资源图

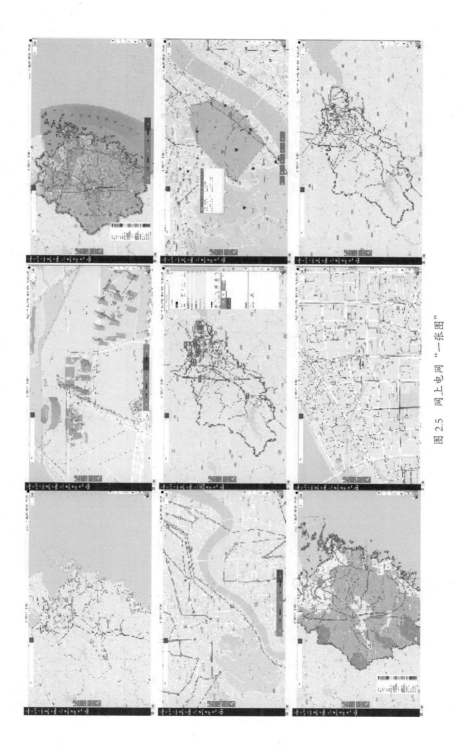

图 2.5 网上电网 "一张图"

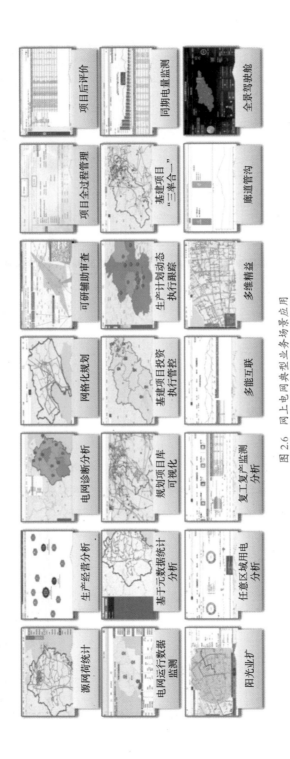

图 2.6 网上电网典型业务场景应用

2.2 "网上电网"规划模块构成

"网上电网"规划模块涵盖基础管理、电网诊断、规划编制、成果管理、规划前期、成效评价六大板块，32项主业务，110项核心业务功能。主要涉及以下3个方面：诊断评估方面，通过集成各专业数据，实现关键指标自动计算、电网问题清单自动生成；规划作业方面，基于图上作业，自动形成规划库、规划报告、规划一张图、规划里程碑计划；规划评价方面，自动计算、发布规划落地率、问题解决率等评价指标。网上电网规划模块结构如图2.7所示。

图 2.7 网上电网规划模块结构图

2.3 "网上电网"规划模块使用流程

通过将规划设计技术导则、规划业务流程及相关管理要求内嵌入系统，形成问题及需求—规划—计划—评价的刚性闭环管控机制。主要有以下3点：基于电网诊断梳理的各类电网问题，形成电网问题库；基于电网问题、用户及电源接入需求，分级开展电网规划作业，形成"四个一"规划成果体系；基于规划开展前期、计划等工作，自动评价电网规划落地情况、电网问题解决情况。网上电网规划模块使用流程如图2.8所示。

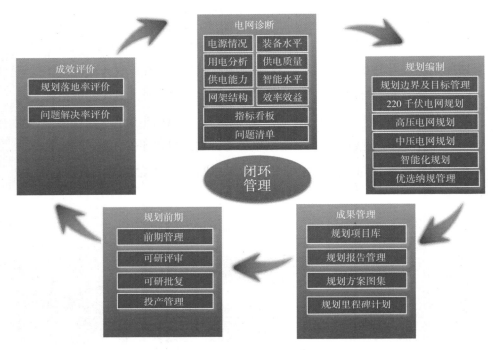

图 2.8　网上电网规划模块使用流程图

3. 网上电网业务功能

3.1 规划区管理

3.1.1 经营区域管理

1）经营区任务管理

功能说明：国网公司统一创建经营区管理任务并同步下发至省级公司、地市公司和区县公司；对各网省公司上报的经营划分结果进行审核，并根据管辖范围划定国网公司经营区域后进行发布，完成本次经营区域固化发布。

省级公司经营区域划分：各省级公司对地市公司上报的经营划分结果进行审核，并根据管辖范围划定本省级公司经营区域，上报总部审核后发布。

地市公司经营区域划分：各地市公司对区县公司上报的经营划分结果进行审核，并根据管辖范围划定本地市公司经营区域，上报省级公司审核，地市公司可添加直管区域。

区县公司经营区域划分：各区县公司根据管辖范围划定本区县公司经营区域，上报地市公司审核。系统可实现继承行政区域边界、继承周边区域边界线、非经营区域切取等功能。

功能路径："首页—专业—电网规划—220千伏及以下电网规划—基础管理—规划区域管理—经营区域管理—经营区域任务管理"。

操作说明：

（1）任务创建

国网公司单击"创建任务"按钮，任务名称及起止时间不能为空，单击公司名称输入框，选择下发任务的公司明细，默认全选。单击"确定"按钮完成任务创建，创建任务成功后下发至各个网省、地市、区县公司，具体如图3.1所示。

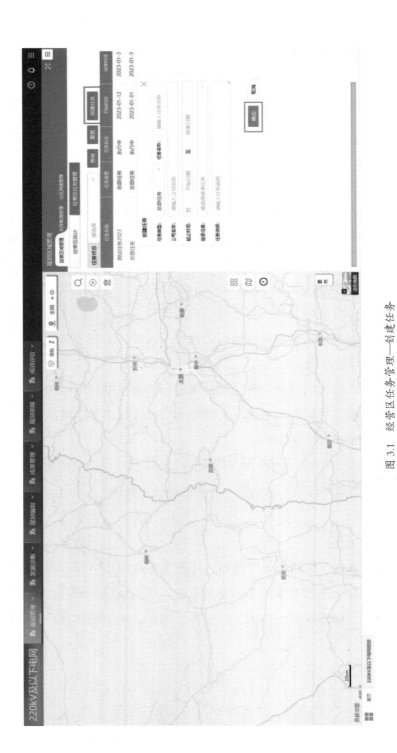

图 3.1　经营区任务管理—创建任务

（2）任务列表

在国网总部账号单击单任务名称，进入总部下发至各网省任务列表。国网公司可查看各网省、地市、区县最新发布的任务（图 3.2），单击各个网省公司可向下穿透至地市公司（图 3.3），单击地市公司可向下穿透至区县公司。地图展示区渲染当前公司的行政边界以及下级公司已绘制提交的经营区边界和未绘制提交的下级公司的行政区域边界。已绘制提交经营区以国网绿半透明颜色填充展示，非国网公司经营区以橘色半透明填充色展示。

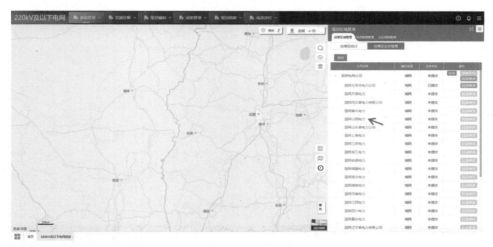

图 3.2　经营区任务管理——国网层级经营区任务列表界面

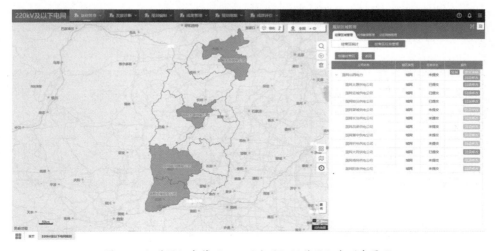

图 3.3　经营区任务管理——网省层级经营区任务列表界面

（3）经营区绘制

行政区域生成经营区域：如果本单位的行政区域范围与供电区域范围一致，则只需在地图拾取行政区域图层（图3.4）。单击"绘制"按钮，再单击地图拾取地图图层，再单击"🖫保存"按钮，在弹出的保存类型面板选择本公司经营区域，单击"确定"完成经营区域划分，如图3.5所示。

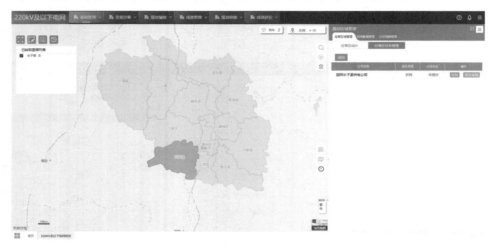

图 3.4　拾取行政区域图层

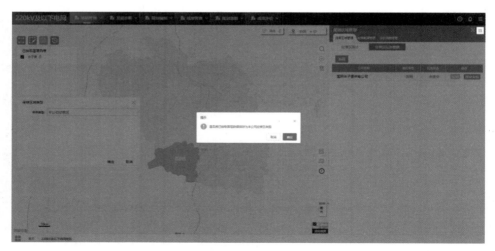

图 3.5　保存经营区提示信息

线绘制：首先单击"绘制"按钮，再单击地图拾取一个或多个区域，同时在已拾取图层列表同步统计拾取图层明细并支持对多选的图层进行删除操作和地图联动交互；然后单击"线绘制"按钮，在地图上进行线路绘制，双击地图完成绘制操作，被拾取图层会被切割成两块区域以不同颜色区分展示，如图3.6 所示。单击地图拾取要保存的切割图层，如图3.7 所示，此时地图会根据所单击位置统计展示图层信息，单击选择要保存的图层，同时使用已拾取图层列表同步更新图层信息，单击"🖪保存"按钮，支持本公司经营区域、非本公司经营区域或者非国网公司经营区域3种类型的确认保存操作，单击"确认"完成已拾取图层的经营区域划分，如图3.8 所示。

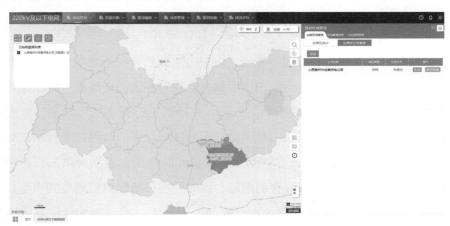

图 3.6　经营区任务管理——绘制—完成线绘制效果

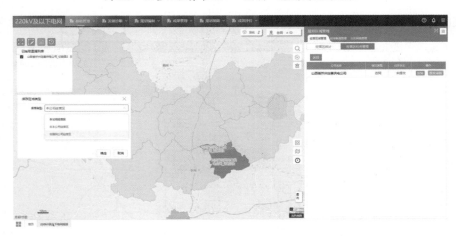

图 3.7　经营区任务管理——绘制—已拾取图层保存类型选择

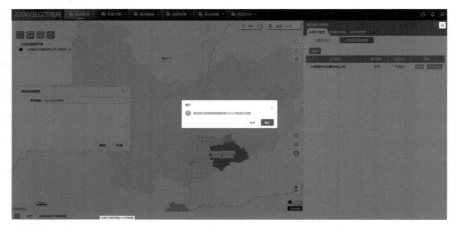

图 3.8　经营区任务管理——绘制—对已拾取图层进行保存提示

面绘制：首先单击"绘制"按钮，再单击地图拾取一个或多个区域，同时在已拾取图层列表同步统计拾取图层明细并支持对多选的图层进行删除操作和地图联动交互，单击"🖊️面绘制"按钮，在地图上进行多边形绘制，双击地图完成绘制操作，被拾取图层会被切割成两块区域以不同颜色区分展示，如图3.9所示。单击地图拾取要保存的切割图层，此时地图会根据所单击位置统计展示图层信息，单击选择要保存的图层，同时使用已拾取图层列表同步更新图层信息（图3.10），单击"💾保存"按钮，支持本公司经营区域、非本公司经营区域或者非国网公司经营区域3种类型的确认保存操作，单击"确认"完成已拾取图层的经营区域划分，如图3.11所示。

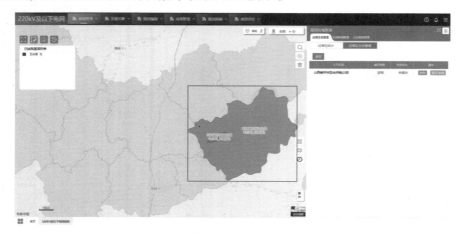

图 3.9　经营区任务管理——绘制—完成面绘制效果

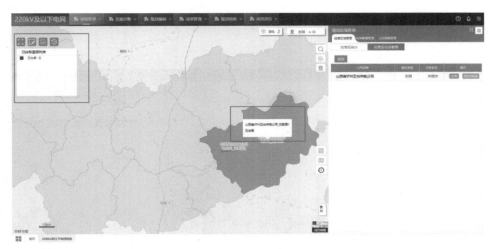

图 3.10　经营区任务管理——绘制—拾取切割后的图层

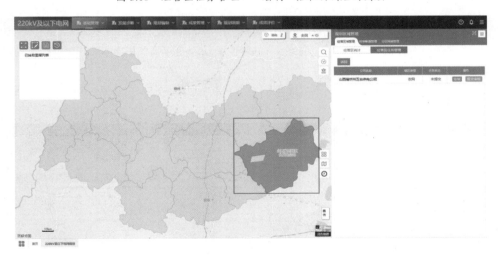

图 3.11　经营区任务管理——绘制—对已拾取图层完成保存

"保存"（图 3.12）：单击"🖪保存"按钮后，支持本公司经营区域、非本公司经营区域和非国网公司经营区域 3 种保存类型。非本公司经营区域需选择其他经营区单位（其他经营区单位是指与本供电单位同级别的兄弟供电单位），如图 3.13 所示。非国网公司经营区域需要选择是否增量配电网和是否独立供电选项，最后单击"确定"按钮完成类型保存操作（图 3.14），同时地图上以橘色半透明填充色进行渲染区分，如图 3.15 所示。

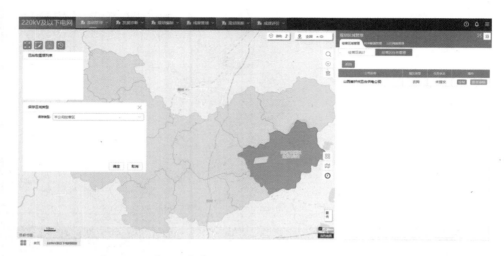

图 3.12　经营区任务管理——保存区域类型—本公司经营区保存

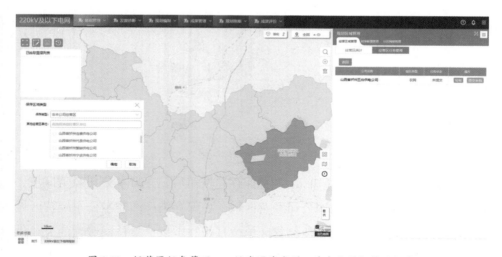

图 3.13　经营区任务管理——保存区域类型—非本公司经营区保存

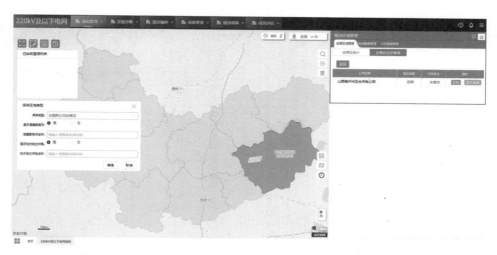

图 3.14　经营区任务管理——保存区域类型—非国网公司经营区保存

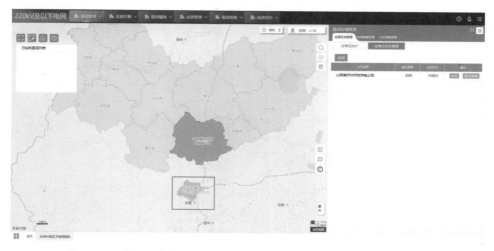

图 3.15　经营区任务管理——保存区域类型—非国网公司经营区渲染结果

"历史绘制记录"（图 3.16）：某供电单位在通过线绘制或面绘制对区域进行切割后，未进行保存的切割面被保存到当前供电单位的历史图层数据中。当前单位、当前单位同级别供电单位和上一级供电单位可对历史图层数据进行查看和绘制应用。单击"🕐历史绘制记录"按钮，切换供电单位列表（图 3.17），可查看各供电单位的历史图层信息，单击历史图层列表数据，已拾取图层列表同步完成数据更新且与地图联动交互，根据业务需要完成供电区域划分。

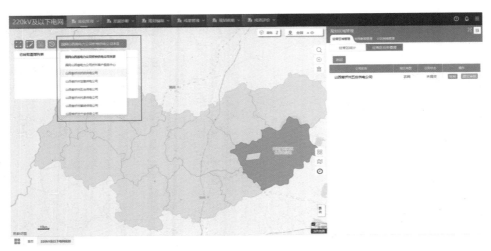

图 3.16　经营区任务管理——绘制工具—历史绘制记录—供电单位列表

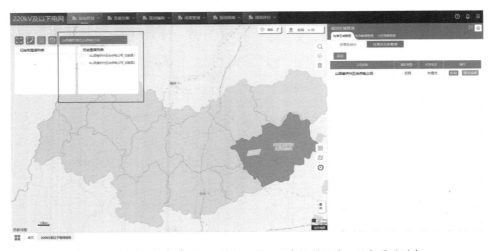

图 3.17　经营区任务管理——绘制工具—历史绘制记录—历史图层列表

（4）提交审核

区县供电单位完成经营区任务划分后，单击"提交审核"按钮，将相关信息提交给地市单位进行审核（图 3.18）；地市单位完成经营区任务划分后，单击"提交审核"按钮提交给网省单位进行审核；网省单位完成经营区任务划分后，单击"提交审核"按钮提交给国网总部进行审核发布。提交审核成功的经营区域任务状态更新为已提交状态，如图 3.19 所示。

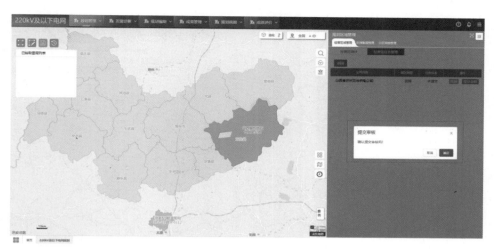

图 3.18　经营区任务管理——提交审核

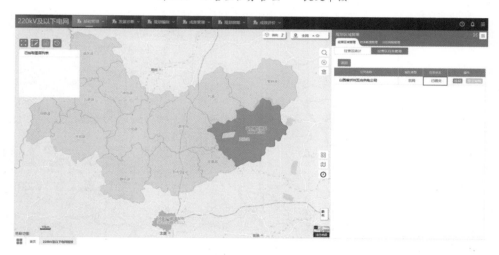

图 3.19　经营区任务管理——提交审核—提交成功

（5）回退修改

国网总部对已提交经营区任务划分的网省单位进行审核，如需修改则单击"回退修改"按钮对当前单位的任务进行回退操作，如图 3.20 所示。网省单位对已提交经营区任务划分的地市单位进行审核，如需地市单位修改则单击"回退修改"操作按钮对当前地市单位的任务进行回退操作。地市单位对已提交经营区任务划分的区县供电单位进行审核，如需区县供电单位修改则单击"回退修改"操作按钮对当前区县供电单位的任务进行回退操作，如图 3.21 所示。

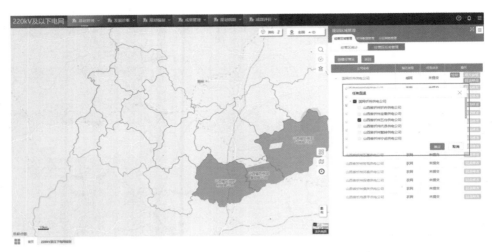

图 3.20　经营区任务管理——回退修改—批量退回修改

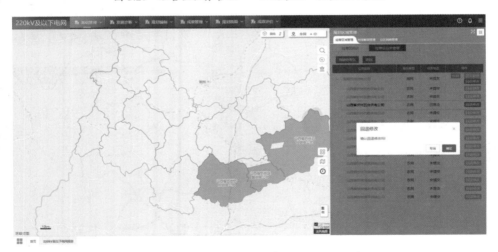

图 3.21　经营区任务管理——回退修改—地市单位对某区县单位进行回退修改

（6）审核发布

国网公司在 27 家网省公司全部提交经营区划分任务后，进行审核确认，然后单击"审核发布"按钮，完成全网经营区划分任务。

2）经营区统计

功能说明：

经营区统计数据是基于国网总部下发的经营区划分任务全部完成审核发

布成功后汇总而来。按照全国—省—市—区县逐级统计地市公司个数、区县公司个数、经营区总面积、城网经营区面积、农网经营区面积、有效供电总面积、城网有效供电面积和农网有效供电面积信息。进入某区县以辖区属性、经营区面积、有效供电面积、10千伏最大负荷和负荷密度等方面进行统计，选择最大负荷年份可实现本区县公司当前负荷年份的一个数据查询展示。

国网公司账号：可查看网省、地市和区县经营区域统计明细。

网省公司账号：可查看本网省及下级地市和区县公司经营区域统计明细。

地市公司账号：可查看本地市公司及下级区县公司经营区域统计明细。

区县公司账号：查看本区县公司经营区域统计明细。

功能路径："首页—专业—规划全过程—基础管理—规划区域管理—经营区域管理—经营区统计"。

操作说明：单击"经营区统计"选项卡进入功能界面。单击列表公司名称，选择"导出"：支持经营区域统计列表导出。

注意事项：

单击地图无法拾取地图图层，需再次单击"绘制"按钮激活。

3.1.2 分区网格管理

分区网格管理可实现网格管理业务下发及业务流程审批功能、基层网格绘制功能、网格统计展示功能。为实现后续其他业务任务（如负荷预测等功能开展）提供网格划分的前提条件。

1）总部用户任务创建、查看、审批

功能说明：国网公司统一新建任务并直接下发至各网省、地市、区县；审核网省公司上报任务，审核通过则该任务直接固化发布（该网省、地市、区县任务状态都为固化发布），审核退回则该任务退回至网省公司；向下穿透至网省、地市、区县，查看对应分区任务管理流程状态及分区、网格、单元绘制情况。

功能路径："首页—专业—电网规划—220千伏及以下电网规划—基础管理—规划区域管理—分区网格管理"。

操作说明：

单击右侧任务栏的"⬚"按钮，可新建分区网格绘制任务。

"任务名称"：按需填报新建任务名称。

"截止时间"：按需选择新建任务的起止时间。

"继承任务"：可下拉选择历史版本继承任务，方便基层工作任务微调。（首次新建任务无历史版本继承）

"任务说明"：按需填报任务说明。

首先选定好任务版本，单击右侧栏的"✐"按钮，可修改此版本任务的任务名称、截止时间、任务说明部分内容。

"任务名称"：按需修改任务名称。

"截止时间"：按需修改任务的起止时间。

"任务说明"：按需修改任务说明。

单击"电网企业"，可实现单位下钻，总部可下钻查看下级单位网格绘制完成情况。如单击某地区，可查看某地区网格绘制情况。

如下级单位未完成审核，则审核发布显示为"⬚"，此状态下无法操作，如下级单位已审核提交则显示为"⬚"，单击"⬚"可同意审核并发布，审核发布后显示为"⬚"。第一行"国家电网公司"后的审核按钮"⬚"可对下级单位进行批量审核同意，其他行的审核按钮"⬚"分别为对应行公司进行审批。每个省公司可单独发布。

单击"⬚"按钮可分别为对应行公司进行审核退回。

单击足迹"👣"按钮，可查看发布后省份的数据情况，单击总部足迹"👣"按钮可查看总部及其下属省级公司的本次及上次分区网格单元数据变化情况。如下钻到下属单位，单击某地区，可查看某地区本次及上次分区网格单元数据变化情况。

单击右上角的"⬚"按钮，可放大右侧栏到半屏如图3.22所示，可以更好地查看表格明细内容。

在半屏的基础上，继续单击右上角的"⬚"按钮，可放大右侧栏到全屏，便于更好地查看表格明细内容。

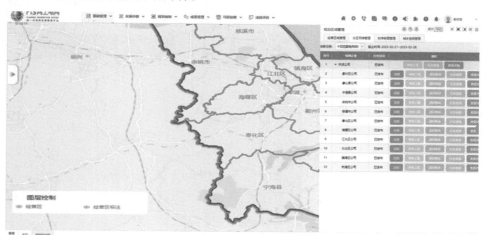

图 3.22　查看地区网格绘制情况

2）省、市公司任务查看及审批

单击"电网企业"，可实现单位下钻，可下钻查看下级单位网格绘制完成情况。如单击某地区，可查看某地区网格绘制情况。

如下级单位未完成审核，审核发布显示为，此状态下无法操作，如下级单位已审核提交则显示为，单击""按钮可同意审核并发布，审核发布后显示为。第一行"国家电网公司"后的审核""按钮可对下级单位进行批量审核同意，其他行的审核""按钮分别为对应行公司进行审批。每个省公司可单独发布。

单击""按钮可分别为对应行公司进行审核退回。

单击足迹""按钮，可查看发布后省份的数据情况，单击总部足迹""按钮可查看总部及其下属省级公司的本次及上次分区网格单元数据变化情况。如下钻到下属单位，单击某地区，可查看某地区本次及上次分区网格单元数据变化情况，如图 3.23 所示。

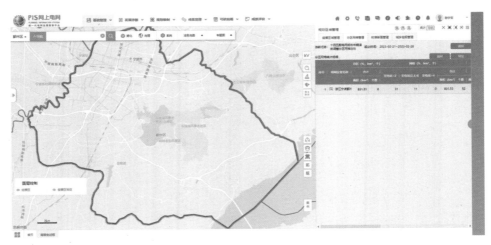

图 3.23 查看地区本次及上次分区网格单元数据变化情况

单击右上角的 " 🔳 " 按钮，可放大右侧栏到半屏如图 3.24 所示，方便更好地查看表格明细内容。

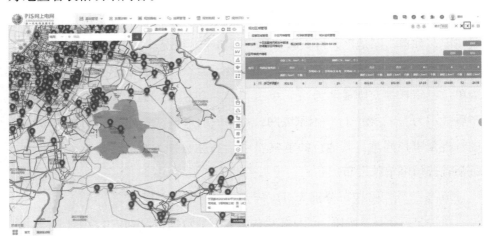

图 3.24 放大右侧栏到半屏

在半屏的基础上，继续单击右上角 " 🔳 " 按钮，可放大右侧栏到全屏，如图 3.25 所示，方便更好地查看表格明细内容。

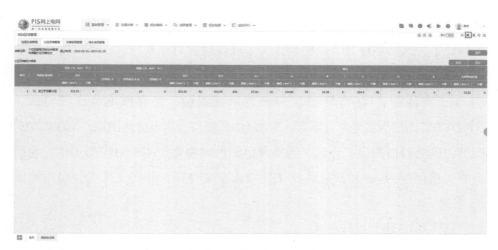

图 3.25　放大右侧栏到全屏

3）县级公司任务绘制及上报

县级公司在接到总部下发的任务后，可通过两种方式实现分区网格单元导入，一种是通过在线下 CAD 软件绘制成功后，再导入系统实现绘制，另一种是在线上通过系统工具绘制，如图 3.26 所示。

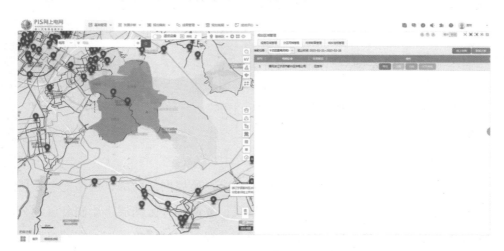

图 3.26　县级公司任务绘制及上报

（1）线下 CAD 绘制导入

单击右侧栏"⇱"按钮，导出带经营区域的格式为 dxf 的 CAD 文件。以某乡为例，导出的模板有各地区的地理位置信息和区域边界信息，并在模板中划分了分区网格单元 3 个图层，为了确保数据可顺利导入，所以需要请基层单位的相关人员在系统导出的模板内绘制。

dxf 文件中"JYQTC"图层为经营区域图层，含有该地区形状轮廓，"GDDYTC"图层为供电单元图层，"GDFQTC"图层为供电分区图层，"GDWGTC"图层为供电网格图层。分区、网格及单元内容需要绘制到对应图层中。绘制后的文档保存为 dxf 格式，将此文件放入空文件夹，并将文件夹打包压缩成 zip 格式。

具体 CAD 绘制操作要求：

在操作过程中注意不要误触系统"JYQTC"图层的经营区域位置而导致移动，此操作会影响到绘制内容导入的位置。

系统只包含经营区域边界，不包含底图，如需要底图辅助绘制，有两种方式：一是在导出模板之前，在线上绘制两个小的标志点，如学校花园等，导出模板后，模板会带出两个标志点的位置，用户可自行选择公开地图，将地图导入 CAD 对准地理标志点后再进行绘制；二是在系统上截取带经营区域边界的底图，然后将底图插入 CAD，对准模板原有的经营区域边界再进行绘制，如图 3.27 所示。

系统只可识别闭合填充的区域，分区图层中每一个闭合填充区域都可以被识别为一个分区；同理，识别网格单元图层。

注意事项：

闭合的多段线不能被识别，必须填充后才可识别。

要求分区网格绘制不重不漏，单元完全在所属网格内部，网格完全在所属单元内部，建议先提取经营区域边界线，复制到分区图层，绘制分区划分情况得到划分线，将分区图层边界线及划分线复制到网格图层，在网格图层进一步绘制网格划分线，在单元图层复制网格图层已经绘制好的网格边界线及网格划分线，再进一步绘制单元划分线。最后在每个图层按单个区域填充为闭合区域。

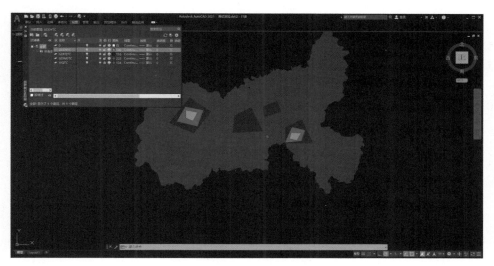

图 3.27　线下 CAD 绘制导入

单击右侧栏"⬀"按钮，选择将 zip 文件上传至系统，系统可识别各图层信息导入绘图形状，然后需要手动在系统上单击各个区域维护属性信息，单击"⚒属性修改"按钮进入对应图层的"属性修改"模式，以分区图层为例，首先需移动鼠标左键，单击选中已经画好的分区，页面将弹出信息修改弹窗，可按需填报分区属性内容。弹窗关闭后退出"属性修改"模式。

（2）线上系统绘制

单击右侧栏线上划分的"✎"按钮后，左侧地图进入编辑绘图模式，地图上方的工具栏分为分区、网格、单元 3 个部分，操作对应模块的内容可对相应图层进行绘制。首先需要绘制分区部分，然后在绘制好的分区上绘制网格部分，最后在绘制好的网格上绘制单元部分。

单击"✿分区划分"按钮进入"分区划分"模式，可使用鼠标在地图绘制分区，选好分区边界起始位置后，单击鼠标左键开始，可按照需要多次移动鼠标单击左键完成边界绘制，双击鼠标左键完成最后一个点的绘制，双击后会弹出一个此分区创建信息录入弹窗，按需填报。如操作需要取消或退出，单击右键即可退出"分区划分"模式。

"网格划分""单元划分"两个模式的绘制同"分区划分"。

单击"🔧属性修改"按钮进入对应图层的"属性修改"模式，以分区图层为例，首先需移动鼠标左键单击选中已经画好的分区，页面弹出信息修改弹窗，可按需修改分区属性内容。弹窗关闭后退出"属性修改"模式。

单击"⬐边界调整"按钮进入对应图层的"边界调整"模式，边界调整可做两类操作，一是只移动边界点和相邻两条边的位置，二是整体将画好的区域拖动到其他位置。以分区图层为例，对第一类操作首先需用鼠标左键单击预选中已经画好的分区，分区颜色变蓝，再次单击鼠标左键后，进入黄色可编辑状态，鼠标悬浮到边界点的圆点会出现一个"小手图标"，此状态下按住鼠标左键移动可只拖动此边界点及相邻的两条边移动。对第一类操作首先需移动鼠标左键单击预选中已经画好的分区，分区颜色变蓝，再次单击鼠标左键后，进入黄色可编辑状态，长按鼠标左键可将画好的区域拖动到其他位置。

单击"⊞分区合并"进入对应图层的"分区合并"模式，分别用鼠标左键单击同一个图层的两个或多个已画好的区域，鼠标右键单击确认完成合并，此时弹出合并属性弹窗，按需录入信息。

单击"◆分区删除"进入分区图层的"分区删除"模式，鼠标左键单击已画好的某个分区区域后，弹出删除确认弹窗，确认后删除。"网格删除""单元删除"两个模式的删除同"分区删除"。

绘制完成后，单击"🔓"按钮可完成上报功能，状态变成🔒，上报完成后不能调整已上报的内容。如上级单位退回，在重新变回🔓后，可重新编辑绘制操作。

单击"🗒"按钮进行数据迁移操作，选择相应历史版本的分区网格单元绘制信息复制到本次任务中，需对历史版本任务做调整，以减轻工作量。

单击足迹"👣"按钮，可查看发布后本地区本次及上次分区网格单元数据变化情况。

常见问题：绘制线上边界时，怎么做到空间全覆盖不重不漏？

答：如绘制内容超出经营区域范围时，系统将自动切割掉超出经营区域边界的部分，以经营区域为边。所以可以不用再次手动绘制经营区域的边。

如后绘制的边界部分覆盖了原有已经创建的区域边界，则系统将自动切割掉后绘制覆盖原有区域的部分，原区域保持不变，以原区域交界的边作为新区域的边。所以可以原区域的边为新区域的边。

如绘制网格部分超出所在的分区范围，系统将自动切割掉超出部分。

如绘制单元部分超出所在的网格范围，系统将自动切割掉超出部分。

注意事项：

区县单位线下绘制时，需要先导出模板，绘制后的文档保存为 dxf 格式，将此文件放入空文件夹，然后将文件夹打包成 zip 压缩包格式再导入系统。导入系统时，弹窗选择文件时，记得调整文件选择全类型的，以便于识别 zip 文件。

区县单位线下绘制使用导入文件时，重新导入会将原有的绘图内容格式化清空，所以请谨慎导入文件！

区县单位线上使用工具栏操作绘制时，须按操作手册的顺序操作，如要切换操作，需先结束本次操作。如要进行"分区合并"时，需先结束"分区合并"操作，再做其他的如"属性修改""分区划分"操作等。

3.1.3 时序断面管理

功能说明：

总部统一创建时序断面自动切取任务，断面类型分为高压断面和中压断面。其中高压断面按照省公司经营区范围切取 35 ~ 750 千伏电压等级的各设备图形、拓扑信息；中压断面按照县（区）公司经营区范围切取 10（6、20）~ 220 千伏电压等级的各设备图形、拓扑信息。断面质量主要包括基础数据质量和运行数据质量，断面质量涉及的指标规则均与实用化指标监测模块保持一致。断面指标统计逻辑区别于实用化指标的管理单位范围，按照经营区范围统计展示。

功能路径："首页—专业—电网规划—配电网规划前期—基础管理—规

划区域管理—时序断面管理"。

操作说明:

(1)任务创建

单击"创建任务"按钮,选择任务类型、设置断面类型、管理单位等参数,单击"确定"即可完成创建任务。创建任务成功后下发至各个网省、地市、区县公司,并在列表中显示,单击"任务名称"即可看到相关单位任务完成情况,并可执行"重新切取""指标计算"等操作,如图3.28所示。

①重新切取:断面图形、拓扑数据治理后需重新切取后查看断面详情。

②指标计算:治理设备档案信息、运行数据信息后需重新计算指标。

断面任务创建、重新切取、指标计算和位置更新服务的权限均由总部统一发起维护,总部启动全网断面切取任务后,各单位断面切取后由随机并发执行,无先后顺序,全网断面切取时长约20 h。

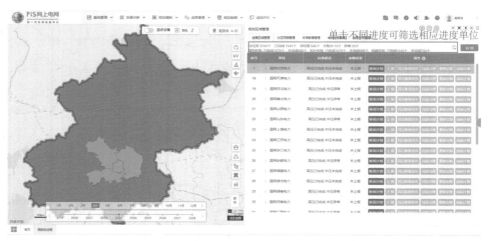

图3.28　时序断面管理管理——任务详情

进入某一断面任务后,上方显示当前单位计算进度,单击左键可刷新对应单位列表,并对地图进行相应渲染,蓝色代表切取成功,黄色代表未切取,红色代表切取异常。

当该单位高压切取成功后,省级单位可查看地市公司断面详情、上报、重新切取和指标计算,单击后会提交给总部。

地市公司只可查看本单位断面详情、上报、重新切取和指标计算。

（2）断面详情

单击"断面详情"按钮查看该单位断面任务进度或断面质量结果，主要包括断面规模和断面质量两个功能。其中，断面规模统计展示电厂、变电站、主变、输电线路、公变、专变、配电线路和用户 8 类设备的图形和档案数量；断面质量分为基础数据指标和运行数据指标。

省公司操作详情如图 3.29 所示。

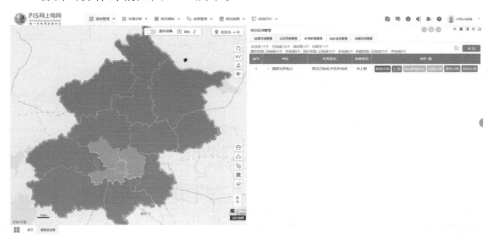

图 3.29　时序断面管理管理——省公司操作详情

地市公司操作详情如图 3.30 所示。

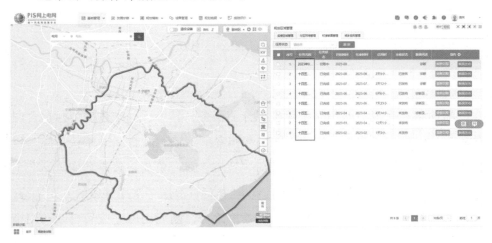

（a）时序断面管理——任务列表

（b）时序断面管理——任务进度管理

图 3.30　时序断面管理管理——地市公司操作详情

设备规模如图 3.31 所示。

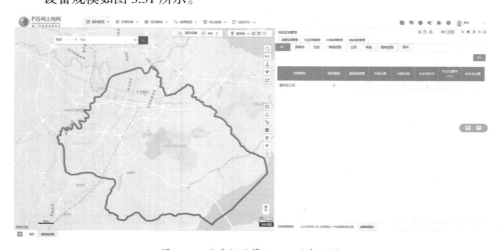

图 3.31　时序断面管理——设备规模

断面切取完成后调用实用化指标计算服务，其中，基础数据指标包含图数不一致、档案不完整、档案不准确、档案不一致、孤岛、10 千伏环路、线路飞线；运行数据指标包含站线负荷一致率、线变负荷一致率和变电站、主变、输电线路、配变、配电线路有功完整率。指标计算服务采用并发的方式执行，基础数据指标和运行数据指标无先后顺序之分，断面切取完成后自动调用指标计算服务，如图 3.32、图 3.33 所示。

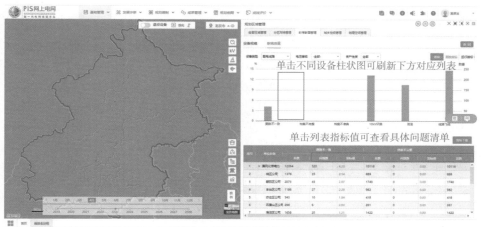

图 3.32　时序断面管理——断面质量图数指标

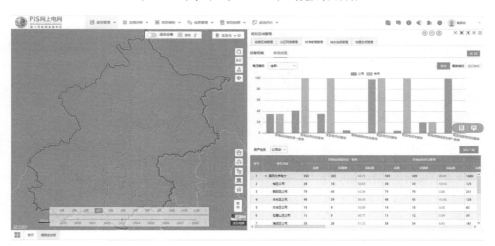

图 3.33　时序断面管理——断面质量运行指标

单击表中数值可穿透查看该类指标问题清单，如图 3.34、图 3.35 所示。

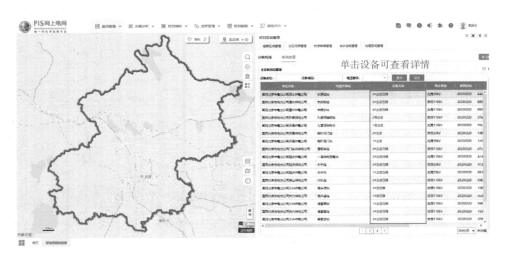

图 3.34　时序断面管理——问题清单

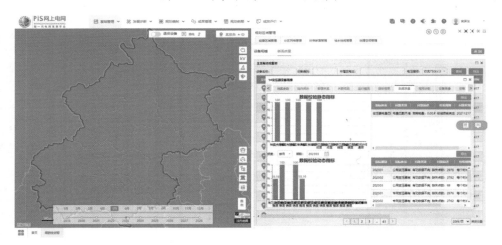

图 3.35　时序断面管理——问题详情

注意事项：

高压断面切取规则以省公司经营区域为边界，以区域内 35 ~ 220 千伏变电站为起点，按电气连接关系追溯，将所有具有拓扑关系的线路、上级电源厂站全部切入断面，有拓扑关系的境外厂站和无拓扑关系的境内厂站也会切入断面；中压断面切取规则以县（区）公司经营区域为边界，以区域内所有的配变为起点，按电气连接关系追溯到上级电源变电站，然后将所有相关变电站及其所属 10（20、6）千伏线路拓扑数据全部切入断面。

断面任务创建、重新切取、指标计算和位置更新服务的权限均由总部统一发起维护，总部启动全网断面切取任务后，各单位断面切取后由随机并发执行，无先后顺序，全网断面切取时长约 20 h。

3.1.4 城乡控规管理

功能路径："首页—专业—规划全过程—基础管理—规划区域管理—城乡控规管理"。

城乡控规管理包含国土空间规划、控制性详细规划、土地开发项目，如图 3.36 所示。

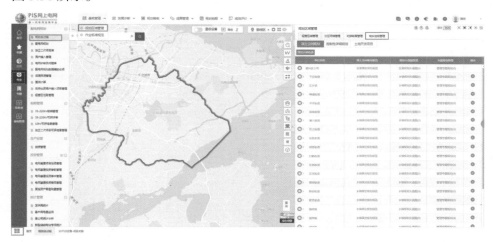

图 3.36 城乡控规管理页面

1）城乡控规管理

功能说明：

中共中央、国务院建立了国土空间规划体系，在省级及以下确定了"四级三类"规划原则，为适应国土空间规划体系，网上电网配套建设了与国土空间规划体系相一致的成果管理应用。

国网公司：管理国土空间规划报告；管理全国规划矢量图；管理专题规划。

省公司：管理省级国土空间规划报告；管理省级规划矢量图；管理专题规划。

地市公司：管理地市国土空间规划报告；管理市级规划矢量图；管理

专题规划。

区县公司：管理区县公司下的乡镇街道；管理区县公司的区县国土空间规划报告、区县规划矢量图和专题规划；管理乡镇街道的乡镇国土空间规划报告、乡镇规划矢量图和专题规划。

（1）管理国土空间规划报告

进入城乡控规管理页面，根据用户所属单位，在列表中展示用户所属单位及下级单位，支持展开到区县层级（图3.37）。单击下级单位名称，支持穿透下级单位。

图 3.37　展开下级单位至区县

国土空间报告对应"四级三类"中的总体规划，在省级、地市级、区县级、乡镇级分别对应省级国土空间规划报告、市级国土空间规划报告、区县国土空间规划报告、乡镇国土空间规划报告。总体规划变动频率低，系统仅支持上传一份。在国土空间规划报告未上传时，单击"省级/市级/区县/乡镇/街区国空规划报告"，在上传弹窗中，单击"点击上传"选择报告后，单击"确定"按钮完成上传（图3.38）。需要注意的是，当前上传文档仅支持PDF格式。

上传国土空间规划报告后，列表中将展示报告名称，单击报告名称时支持预览报告。单击报告名称后的删除按钮即可删除报告，也可在删除后上传最新报告，并对之前报告进行替换。

图 3.38　上传国土空间规划报告

（2）管理专题规划

专题规划对应"四级三类"中的专项规划。在省级、地市级、区县级、乡镇级，单击"管理专题规划"，进入专题规划列表，支持上传、预览、删除专题规划等操作，如图 3.39 所示。

图 3.39　专题规划管理页面

上传：单击"上传"按钮，上传附件。当前仅支持 PDF 格式文档。

预览：单击专题规划名称，预览文档。

删除：勾选需要删除的专题规划，单击"删除"按钮，即可完成删除。

（3）管理规划矢量图

"四级三类"中的详细规划在省级、地市级、区县级、乡镇级分别对应省级规划矢量图、市级规划矢量图、区县规划矢量图、乡镇规划矢量图。

在省级、地市级、区县级、乡镇级列表中，单击"省级/市级/区县/乡镇规划矢量图"，各单位可根据需要绘制、导入规划矢量图。需要注意的是省级规划矢量图、市级规划矢量图、区县规划矢量图、乡镇规划矢量图中绘制/导入的规划矢量图各自单独形成一个图层，即所有省公司在"省级规划矢量图"中维护的规划矢量图形成省级的规划矢量图图层；所有地市公司在"市级规划矢量图"中维护的规划矢量图形成地市级的规划矢量图图层；所有区县公司在"区县规划矢量图"中维护的规划矢量图形成区县层级的规划矢量图图层；所有乡镇街道层级在"乡镇规划矢量图"中维护的规划矢量图形成乡镇街道层级的规划矢量图图层，这些图层之间互不相干。

每个单位的规划矢量图支持存在多个版本（图3.40），但是只能发布一个版本，只有已发布的版本才会用于形成上述各个层级的规划矢量图图层。

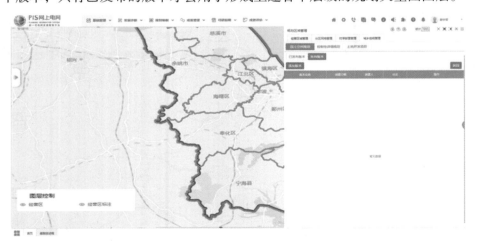

图3.40　进入管理规划矢量图——所有版本页面

添加版本：单击"省级/市级/区县/乡镇规划矢量图"选项，在没有已发布的版本时，默认进入"所有版本"页签。单击"添加版本"选项，依次填写信息后，单击"确定"按钮，完成添加版本（图 3.41）；在存在已发布版本时，默认进入"已发布版本"页签，此时可以切换到"所有版本"页签管理版本。

图 3.41　添加版本

修改版本信息：单击"修改版本"选项，修改版本信息。

删除版本：单击"删除版本"选项，删除版本。需要注意的是，删除版本后，版本内的所有控规用地会同时删除。

发布版本：单击"发布版本"选项，发布版本。如果存在已发布的版本，新的版本发布后，原来的已发布版本状态变为未发布。同时只允许存在一个已发布版本。

单击版本名称，进入版本内的规划矢量图列表。支持以绘制、导入方式在版本内添加控规。

绘制（图 3.42）：单击"绘制"按钮，进入绘制状态，再次单击"绘制"按钮就可退出绘制状态。在绘制状态时，地图左上角展示绘制的工具有绘制、修改属性、坐标调整、删除、查看详情 5 个工具。单击"绘制"工具后，在地图上单击左键绘制控规用地，绘制完毕后，双击鼠标左键，弹出"控规用地-新增"弹窗，依次填写控规用地属性后，单击"完成"按钮，完成控规用地绘制，如图 3.43 所示。

图 3.42　绘制控规用地

图 3.43　绘制完控规用地后填写属性

修改属性：在绘制状态，单击"修改属性"工具后再单击需要修改的控规用地图形，弹出"控规用地 - 修改"弹窗修改用地属性。或者在控规用地列表中，单击"修改属性"图标，弹出"控规用地 - 修改"弹窗修改用地属性，如图 3.44 所示。

坐标调整：在绘制状态，单击"坐标调整"工具后单击需要修改的控规用地图形，控规用地边缘会显示轮廓线，单击轮廓线上的圆点，然后拖动圆点调整坐标，调整完毕后双击鼠标左键完成调整。或者在控规用地列表中，单击"坐标调整"图标后调整，如图 3.45 所示。

图 3.44 修改控规用地属性

图 3.45 控规用地坐标调整

删除：在绘制状态，单击"删除"工具后，左键单击需要删除的控规地块，确认后，即可删除选中的控规地块。或者在控规用地列表中，单击"删除"后，删除控规地块。

查看详情：在绘制状态，单击"查看详情"工具后单击需要修改的控规用地图形，弹出"控规用地 - 查看详情"弹窗，即可查看属性。或者在控规用地列表中，单击"查看详情"图标后查看详情，如图 3.46 所示。

图 3.46 查看控规用地详情

导出特征点：特征点的作用是，在地图上标志性位置绘制点、线、多边形，导出为 dxf 文件，然后在线下与控规文件中相同位置配准后，再导入系统。通过这种方式支持不知道坐标系的控规导入。单击"导出特征点"，进入绘制特征点状态，再次单击"导出特征点"，退出绘制特征点状态。在绘制状态时，地图左上角会显示绘制工具，包含绘制点、绘制线、绘制面、导出 4 个工具，如图 3.47 所示。

图 3.47 导出特征点

绘制点：在特征点绘制状态，单击"绘制点"工具，然后在地图上选定的特征点位单击后绘制点，双击后完成绘制点，如图 3.48 所示。

绘制线：单击"绘制线"工具，然后在地图上绘制特征线，双击后完成绘制。

绘制面：单击"绘制面"工具，然后在地图上绘制多边形，双击后完成绘制。

图 3.48　绘制特征点

导出：在地图上完成绘制特征点后，单击"导出"工具，导出地图上绘制的特征点、线、面到 dxf 文件，之后可以在 CAD 中对控规文件进行配准，然后再通过导入功能，将控规导入系统中。另外，在绘制特征点时，如果绘制错误，也可单击"导出"工具清空已经绘制的特征点，因为导出时会将系统中绘制的所有特征点清空。

导入：单击"导入"，进入控规导入页面（图 3.49）。由上到下分为 3 个部分：导入详细规划、文件列表、数据核查，即控规导入 3 个步骤。首先选择导入文件，然后选择坐标系，单击"导入"，系统解析导入文件。解析成功后，文件列表会展示导入文件信息，数据核查列表会展示文件内图层信息。解析失败则不显示。如果导入文件较大，导入时间会较长。

在数据核查列表中，勾选图层，地图上会预览图层内控规用地图形，如图 3.50 所示。

图 3.49　导入控规

图 3.50　预览控规图层

选择图层中用地类型，单击"发布"按钮，会将当前图层导入版本中，或者在勾选多个图层后，单击图层列表顶部的"发布"按钮，将多个图层导入版本中。

发布后，还需要完善控规用地属性，具体可参考上述控规用地修改属性功能。

当前导入功能有以下注意事项：控规文件中可能存在较大偏差。

仅支持导入 dxf 格式文件。

通过导出特征点，配准后的控规文件在导入时，坐标系需要选择国网 +
投影坐标系。

导入控规文件时，如果知道 epsg 编号，可以直接填入，不再选择坐标系。

控规文件中图层命名规范"控规分类代码_控规分类名称_其他说明"。
图层命名符合规范时，系统会自动识别图层控规类型。

城乡控规管理使用的控规分类依据为《国土空间调查、规划、用途管制
用地用海分类指南》，具体可以查阅附件。

发布控规时，只允许处于规划矢量图所属供电单位边界范围内的控规发
布成功，区域之外的不能发布成功。如果是在乡镇规划矢量图中发布，这个
区域范围为乡镇所属区县公司的边界范围。

批量修改：支持控规用地批量命名和容积率批量修改。

控规用地批量命名（图 3.51）：单击"批量命名全部控规用地"后，所
有控规用地类型属性有值的控规地块，按照"控规类型 + 序列号"的规则重
新命名。单击"批量命名无名的控规用地"后，所有当前没有名称、但控规
用地类型属性有值的控规地块，按照"控规类型 + 序列号"的规则重新命名。
如果控规用地类型属性为空，不能批量命名。

图 3.51　控规用地批量命名

容积率批量修改（图 3.52）：单击"全部控规用地"选项，下面展示全

部控规用地的控规类型，在希望修改的控规类型后面填写容积率，单击"确定"按钮后，选中控规类型的所有控规地块的容积率都会修改。单击"无容积率的控规用地"选项，下面展示没有容积率的控规地块的控规类型，在希望修改的控规类型后面填写容积率，单击"确定"后，选中控规类型，没有容积率的控规地块的容积率都会被修改。

图 3.52　容积率批量修改

（4）乡镇街道管理

在区县公司层级列表中，需要维护经营区内的乡镇街道（图3.53）。针对区县公司和乡镇街道的对应关系，系统已自动识别。由于区县公司经营区和区县行政区域并不总是一致的，所以对于错漏的乡镇街道需要手动维护。

图 3.53　管理乡镇街道

添加乡镇街道（图3.54）：单击"添加乡镇街道"按钮，在弹窗中选择要添加的乡镇街道，支持多选，单击"确定"后，完成添加。

图 3.54　添加乡镇街道

移除乡镇街道（图3.55）：单击要移除的乡镇街道操作列中的"移除"图标，即可移除乡镇街道。

图 3.55　移除乡镇街道

2）控制性详细规划

在控制性详细规划中，支持查看当前单位和下级单位控制性详细规划统计情况，支持穿透至区县维护控制性详细规划，如图 3.56 所示。

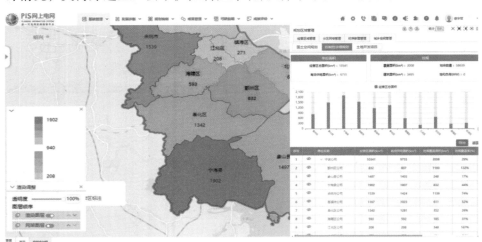

图 3.56　控制性详细规划统计

（1）控制性详细规划统计

单击顶部"覆盖面积""地块数量""建筑面积""饱和负荷"指标时，切换统计图，支持按照单位和按照类型切换。按照单位进行切换时，柱图展示当前单位下级单位的统计值，支持进一步筛选控规用地类型，仅展示某些控规用地类型的统计值。按照类型进行切换时，展示 top 10 控制性详细规划类型的统计值，如图 3.57 所示。

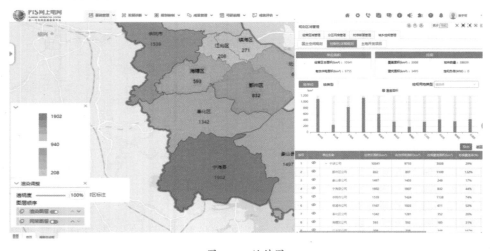

图 3.57　统计图

单击表格中的下级单位名称，穿透至下级单位的统计页面。

单击"导出"，导出表格内容到 Excel。

（2）控制性详细规划管理

穿透至区县，进入控制性详细规划详情页面，如图 3.58 所示。支持绘制控制性详细规划，导出特征点，导入控规文件，维护土地开发项目，批量修改控规名称、容积率和负荷指标，批量删除控规地块，导出控规调整控规透明度等。

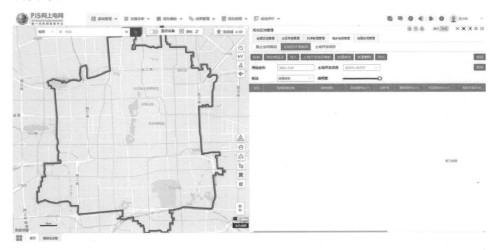

图 3.58　控制性详细规划管理

绘制（图 3.59）：单击"绘制"按钮，进入绘制状态，再次单击"绘制"按钮退出绘制状态。在绘制状态时，地图左上角展示绘制工具，包含绘制、修改属性、坐标调整、删除、查看详情 5 个工具。单击"绘制"工具后，在地图上单击左键绘制控规用地，绘制完毕后，双击鼠标左键，弹出"控规用地 - 新增"弹窗，依次填写控规用地属性后（图 3.60），单击"完成"，完成控规用地绘制。

修改属性（图 3.61）：在绘制状态单击"修改属性"工具后再单击需要修改的控规用地图形，弹出"控规用地 - 修改"弹窗修改用地属性。或者在控规用地列表中，单击"修改属性"图标，弹出"控规用地 - 修改"弹窗修改用地属性。

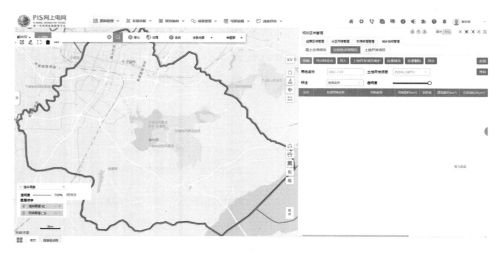

图 3.59 绘制控规用地

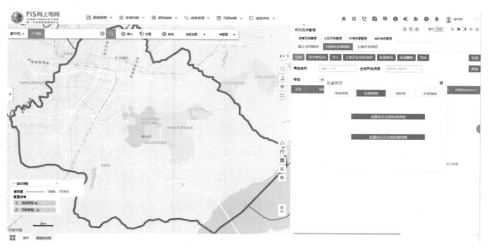

图 3.60 绘制完控规用地之后填写属性

图 3.61　修改控规用地属性

坐标调整（图 3.62）：在绘制状态，单击"坐标调整"工具后单击需要修改的控规用地图形，控规用地边缘会显示轮廓线，单击轮廓线上的圆点，拖动圆点调整坐标，调整完毕后双击鼠标左键完成调整。或者在控规用地列表中，单击"坐标调整"图标后进行调整。

图 3.62　控规用地坐标调整

删除：在绘制状态，单击"删除"工具后，左键单击需要删除的控规地块，确认后即可删除选中的控规地块。或者在控规用地列表中，单击"删除"工具后，删除控规地块。

查看详情（图 3.63）：在绘制状态，单击"查看详情"工具后单击需要修改的控规用地图形，弹出"控规用地 - 查看详情"弹窗，即可查看属性。或者在控规用地列表中，单击"查看详情"图标后查看详情。

图 3.63　查看控规用地详情

导出特征点：特征点的作用是在地图上标志性位置绘制点、线、多边形，导出为 dxf 文件，然后在线下与控规文件中相同位置配准后再导入系统。通过这种方式支持不知道坐标系的控规导入。单击"导出特征点"，进入绘制特征点状态，再次单击"导出特征点"，退出绘制特征点状态。在绘制状态，地图左上角显示绘制工具，包括绘制点、绘制线、绘制面、导出 4 个工具，如图 3.64 所示。

绘制点：在特征点绘制状态，单击"绘制点"工具，然后在地图上选定的特征点位单击后绘制点，双击后完成绘制，如图 3.65 所示。

绘制线：单击"绘制线"工具，然后在地图上绘制特征线，双击后完成绘制。

绘制面：单击"绘制面"工具，然后在地图上绘制多边形，双击后完成绘制。

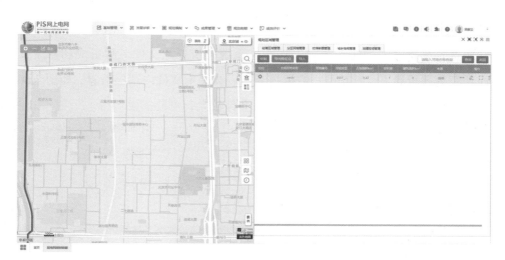

图 3.64 导出特征点

图 3.65 绘制特征点

导出：在地图上完成绘制特征点后，单击"导出"工具，导出地图上绘制的特征点、线、面到 dxf 文件，之后可以在 CAD 中对控规文件进行配准，然后通过导入功能将控规导入系统中。另外，在绘制特征点时，如果绘制错误，也可单击"导出"工具清空已经绘制的特征点，因为导出时会将系统中绘制的所有特征点清空。

导入：单击"导入"工具，进入控规导入页面。由上到下分为 3 个部分：

导入详细规划、文件列表、数据核查，即控规导入 3 个步骤。首先选择导入文件，然后选择坐标系，单击"导入"按钮，系统解析导入文件。解析成功后，文件列表会展示导入文件信息，数据核查列表会展示文件内图层信息，如图 3.66 所示。解析失败，则不显示。如果导入文件较大，可能需要等待。

图 3.66　导入控规

在数据核查列表中，勾选图层，地图上会预览图层内控规用地图形，如图 3.67 所示。

图 3.67　预览控规图层

选择图层中用地类型，单击"发布"按钮，可将当前图层导入版本中，或者在勾选多个图层后，单击图层列表顶部的"发布"按钮，将多个图层导入版本中。

发布后，还需要完善控规用地属性，具体可参考上面控规用地修改属性功能。

当前导入功能有以下注意事项：

控制性详细规划文件中控规所在位置需要处在规划矢量图所属单位范围内，否则导入后在预览图层时，控规位置可能存在较大偏差。

仅支持导入 dxf 格式文件。

通过导出特征点，配准后的控制性详细规划文件在导入时，坐标系需要选择国网 + 投影坐标系。

导入控制性详细规划文件时，如果知道 epsg 编号，可以直接填入，不用再选择坐标系。

控制性详细规划文件中图层命名规范为"控规分类代码 _ 控规分类名称 _ 其他说明"。图层命名符合规范时，系统会自动识别图层控规类型。

城乡控制性详细规划管理使用的控规分类依据为《国土空间调查、规划、用途管制用地用海分类指南》。

发布控制性详细规划时，只允许处于规划矢量图所属供电单位边界范围内的控规发布成功，区域之外的不能发布成功。如果是在乡镇规划矢量图中发布，这个区域范围为乡镇所属区县公司的边界范围。

土地开发项目维护（图 3.68）：支持维护土地开发项目关联控规地块。单击"土地开发项目维护"，进入绘制状态。再次单击，退出绘制状态。在绘制状态，单击左键，绘制选择框，框选"需要控规"，绘制完毕后，双击鼠标左键，在"土地开发项目"弹窗中选择土地开发项目，单击"确定"按钮，完成土地开发项目维护。如果在选择土地开发项目时没有可选项，需要在"土地开发项目"页签新增土地开发项目。

图 3.68　土地开发项目维护

批量修改：支持控规用地批量命名和容积率批量修改。

控规用地批量命名：单击"批量命名全部控规用地"按钮后，所有控规用地类型属性有值的控规地块，按照"控规类型＋序列号"的规则重新命名。单击"批量命名无名的控规用地"按钮后，所有当前没有名称、但控规用地类型属性有值的控规地块，按照"控规类型＋序列号"的规则重新命名。如果控规用地类型属性为空，不能批量命名。

容积率批量修改（图 3.69）：单击"全部控规用地"按钮，下面将展示全部控规用地的控规类型，在希望修改的控规类型后面填写容积率，单击"确定"按钮后，选中控规类型的所有控规地块的容积率都会被修改。单击"无容积率的控规用地"按钮，下面展示没有容积率的控规地块的控规类型，在希望修改的控规类型后面填写容积率，单击"确定"按钮后，没有容积率的控规地块的容积率都会被修改。

负荷指标批量修改（图 3.70）：单击"全部控规用地"按钮，下面将展示全部控规用地的控规类型，在希望修改的控规类型后面填写负荷指标，单击"确定"按钮后，选中控规类型的所有控规地块的负荷指标都会被修改，修改完毕后负荷和负荷密度都会被重新计算。单击"无负荷指标的控规用地"

按钮，下面将展示没有负荷指标的控规地块的控规类型，在希望修改的控规类型后面填写负荷指标，单击"确定"按钮后，被选中控规类型中的没有负荷指标的控规地块的负荷指标都会被修改。

图 3.69　容积率批量修改

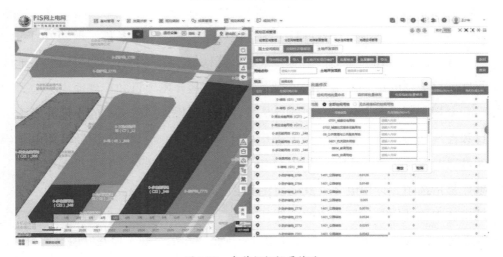

图 3.70　负荷指标批量修改

批量删除：单击"批量删除"按钮后，单击鼠标左键勾选需要删除的控规，双击鼠标左键，确认删除后，即可删除多个控规。

导出：导出控规地块到 dxf 文件。

3）土地开发项目

（1）土地开发项目统计

土地开发项目统计界面如图3.71所示。

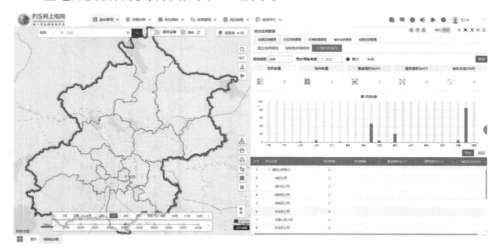

图3.71　土地开发项目统计

在页面顶部会显示规划项目、预计用电年度两个筛选条件。规划项目包含全部、已配套和未配套。已配套规划项目是指，在规划时，如果根据土地开发项目关联的控规地块创建了规划项目，土地开发项目和控规地块就会关联配套规划项目。未配套规划项目是指，没有被规划项目关联的土地开发项目和控规地块。全部是指全部土地开发项目及关联的控规地块。预计用电年度是根据土地开发项目的预计用电年度进行筛选。筛选方式支持累计和年度。累计是指选中预计用电年度及之前年度的土地开发项目都会被筛选到。年度是指选中预计用电年度当年的土地开发项目会被筛选到。进入土地开发项目页面时，默认按累计方式筛选预计用电年度是当年的全部土地开发项目。

单击顶部"覆盖面积""地块数量""建筑面积""饱和负荷"指标时，切换统计图，支持按照单位和按照类型切换。按照单位切换时，柱图展示当前单位下级单位的统计值，支持进一步筛选控规用地类型，仅展示某些控规用地类型的统计值。按照类型切换时，展示top10控规类型的统计值。

统计图如图3.72所示。

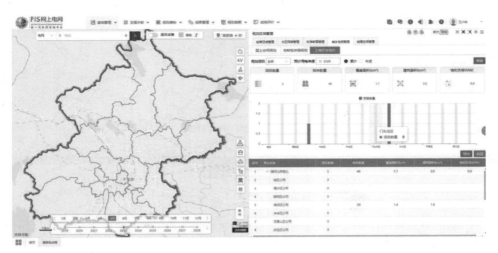

图 3.72　统计图

单击表格中下级单位名称，穿透至下级单位的统计页面。

单击"导出"按钮，导出表格内容到 Excel。

（2）土地开发项目管理

穿透至区县，进入控制性详细规划详情页面。支持新增土地开发项目、维护土地开项目等功能（图 3.73）。地图上将土地开发项目关联的控规地块渲染为黑色和绿色，即将未关联配套规划项目的控规地块渲染为黑色，已关联配套规划项目的控规地块渲染为绿色。

土地开发项目新增（图 3.74）：单击"新增"按钮，录入土地开发项目名称、预计用电年度，完成土地开发项目新增情况填报。

土地开发项目维护（图 3.75）：单击"土地开发项目维护"按钮，将地图比例尺放到 500 米之下，地图上显示当前区县全部控规，框选需要关联的控规地块，框选完毕后，双击鼠标左键，选择土地开发项目，单击"确定"按钮，完成土地开发项目维护。如果选不到土地开发项目，需要先新增土地开发项目。

在进行土地开发项目维护后，土地开发项目的预计用电年度会覆盖其关联控规的预计用电年度。修改土地开发项目的预计用电年度，所有其关联的控规预计用电年度都会同步被修改。删除土地开发项目后，其关联的控规都会删除关联的土地开发项目。

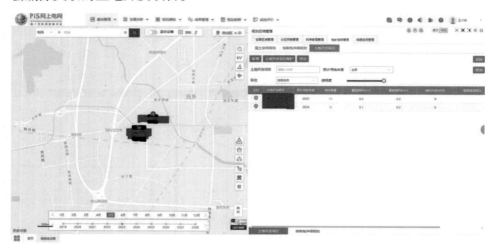

图 3.73　土地开发项目管理

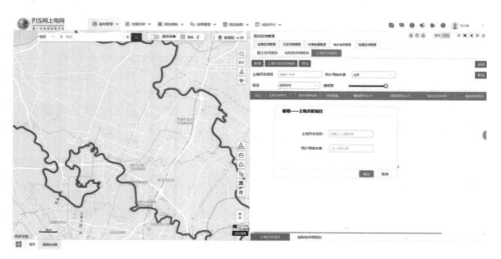

图 3.74　土地开发项目新增

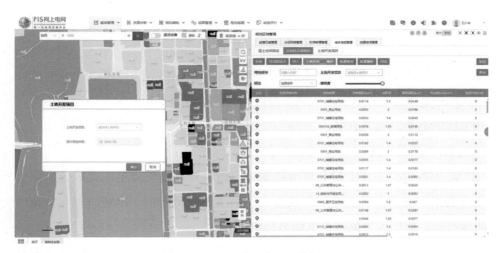

图 3.75   土地开发项目维护

在控规关联土地开发项目之前，修改控规属性时，允许修改预计用电年度，在控规关联土地开发项目之后，控规属性不允许修改预计用电年度。

4）发展诊断—需求管理—土地开发项目

"发展诊断—需求管理—土地开发项目"页面的功能和"基础管理—规划区域管理—城乡控规管理—土地开发项目"的功能相同，参考（3）土地开发项目部分介绍。

3.2 发展诊断

发展诊断以供电公司企业经营区范围为基准，自动识别并生成规划域的设备、设施属性标签，以月为单位，按时切取电网断面，记录当前时刻的电网网架结构快照，形成时序电网。

基于此，按照发电情况、用电分析、供电能力、网架结构、装备水平、供电质量6个维度测算分析220千伏及以下的电网问题，汇聚生成问题清单。以量化分析为基础，客观、真实、准确定位电网发展水平，明确电网发展存在的主要问题，提出准确有效的改善措施，为日后的电网规划滚动优化和投资安排奠定良好的基础。

3.2.1 现状诊断分析

1）供电能力

供电能力主要从各电压等级的网供负荷、容载比和负载率3个方面进行计算评估，通过指标计算，全面、准确地衡量各省市县配电网供电能力水平，并生成供电能力问题清单。

（1）网供负荷

基于各单位主变、配变负荷数据，分析计算各单位分电压等级分压网供负荷数据，支持查看各电压等级最大、最小下网负荷值、出现时刻、负荷增速等指标，辅助支撑配网供电能力分析。

功能路径："首页—专业—规划全过程—发展诊断—供电能力—网供负荷"。

操作说明：选择对应电压等级下的"网供负荷"进入网供负荷界面，可分单位查看最大下网负荷、最大下网负荷时刻、最小下网负荷、最小下网负荷时刻和近三年负荷增速。图表相互结合，通过柱状图和曲线展示网供负荷数据增速、最大负荷等数据，如图3.76所示。

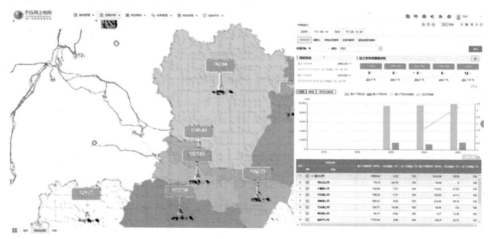

图 3.76 网供负荷汇总数据

通过单击单位名称前的"▦"按钮可查看各设备名称、所属变电站、电压等级、额定容量、最大负荷、最大负载率、最大网供负荷时刻等的明细数据，如图 3.77 所示。

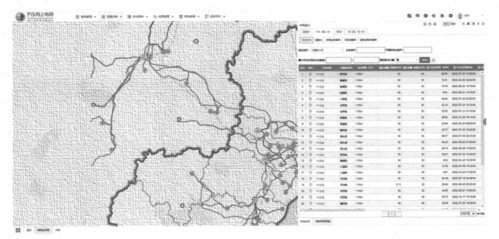

图 3.77　网供负荷明细数据

（2）容载比

基于网供负荷数据汇总计算各区域不同电压等级容载比指标，支撑查看各单位容载比、下网变电规模，最大下网负荷等指标数据以及近几年容载比变化情况，以支撑区域供电能力分析。

功能路径："首页—专业—规划全过程—发展诊断—供电能力—容载比"。

操作说明：选择对应电压等级下的"容载比"进入容载比界面，可分单位、期别查看变电容载比、下网变电容量、下网变电站座数、上下网变压器台数、下网最大负荷。并且图表相互结合，通过柱状图和曲线展示负荷、变电站容量及容载比近三年的增速。

通过单击单位名称前的"▦"按钮可查看各主变名称、所属变电站、电压等级、额定容量、最大负荷、最大负载率、最大网供负荷时刻等。

容载比汇总及明细数据如图 3.78、图 3.79 所示。

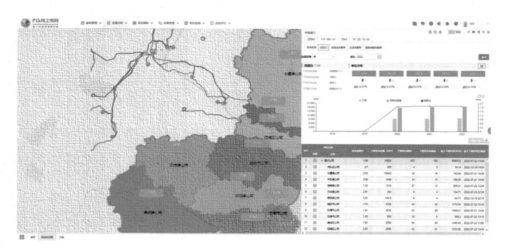

图 3.78　容载比汇总数据

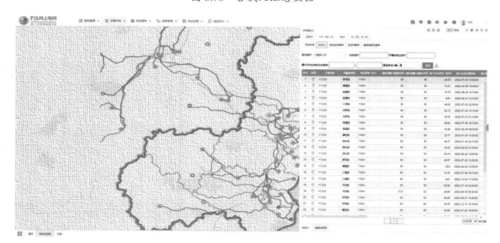

图 3.79　容载比明细数据

（3）负载率

基于各单位负荷数据，计算各设备类型最大负荷、平均负荷、最大负载率、平均负载率等指标，汇总分析各区域最大负载率、平均负载率、最小负载率等指标，支撑各单位分析查看设备轻空载、重过载、低效等问题，为后续针对性精准规划提供决策依据。

功能路径："首页—专业—规划全过程—发展诊断—供电能力—负载率"。

操作说明：选择对应电压等级下的"负载率"进入负载率界面，可分期别、数据频度查看变电站负载率、主变负载率、线路负载率，包括最大负载率平均值、设备负载率分布及数量。并且图表相互结合，通过柱状图展示近五年负载率分布水平，如图 3.80 所示。

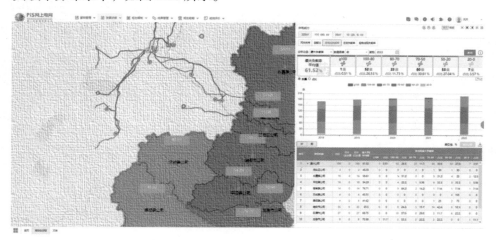

图 3.80　负载率汇总数据

通过单击各单位的合计数据可查看各设备名称、所属变电站、电压等级、额定容量、最大负荷、最大负载率、最大网供负荷时刻、投运时间和退役时间等，如图 3.81 所示。

针对 10 千伏电压等级，可分期别、数据频度、分析口径查看配电线路负载率、配变负载率，包括最大负载率平均值、设备负载率分布及数量，如图 3.82 所示。并且图表相互结合，通过柱状图展示近五年负载率分布水平。

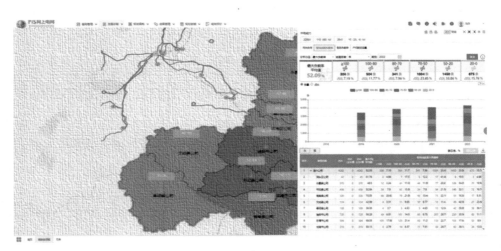

图 3.81　负载率明细数据

图 3.82　10 千伏负载率数据

2）网架结构

网架水平主要从 10 千伏的电网规模、分段联络情况、接线模式和线路 N-1 校验 4 个方面进行计算评估。通过指标计算，全面、准确地衡量各省市县配电网网架水平，并生成网架结果问题清单。

（1）电网规模

全面统计各单位线路、配变规模，支持查看各单位线路总数、线路总长度、平均主干线长度、平均供电距离、平均配变装接台数、平均配变装接容量、配变总台数、配变总容量、公变总容量、专变总台数、专变总容量等数据，直观展示配网电网规模。

功能路径："首页—专业—规划全过程—发展诊断—网架结构—电网规模"。

操作说明：选择"电网规模"进入界面（图 3.83），可分单位查看线路总数、线路总长度、平均主干线长度、平均供电距离、平均配变装接台数、平均配变装接容量、配变总台数、配变总容量、公变总容量、专变总台数、专变总容量等数据。并且图表相互结合，通过柱状图展示公用线路总条数等数据。

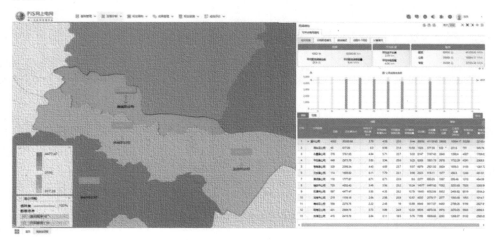

图 3.83　电网规模

（2）分段联络情况

全面统计各单位配网线路联络情况（图 3.84），支持查看联络线路条数，其中包括成功联络线路条数、线路分段数，以及是否存在分段不合理、大分支线路等问题，可辅助分析配网分段联络情况。

功能路径："首页—专业—规划全过程—发展诊断—网架结构—分段联络情况"。

操作说明：选择"分段联络情况"进入界面，可分单位查看联络线路条数以及联络率，同时可查看通过网架分析成功线路条数、线路分段数，以及是否存在分段不合理、大分支线路等问题。并且图表相互结合，通过柱状图展示公用联络率等数据。

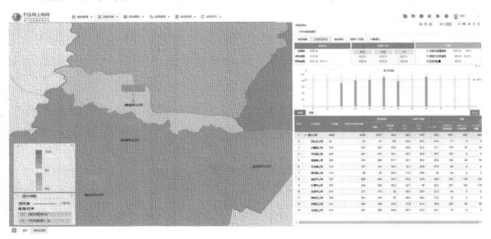

图 3.84　分段联络情况

（3）接线模式

全面统计分析各单位配网标准接线情况，支持查看各接线模式下的线路条数及占比，辅助分析配网接线是否标准合理，梳理现状网架薄弱环节，以目标网架为导向，为后续优化区域网架结构提供基础，如图 3.85 所示。

功能路径："首页—专业—规划全过程—发展诊断—网架结构—接线模式"。

操作说明：选择"接线模式"进入界面，可分单位查看标准接线占比及非标准接线占比，同时平台统计了各单位各种接线模式下的线路条数及占比。并且图表相互结合，通过柱状图展示各接线模式线路条数等数据。

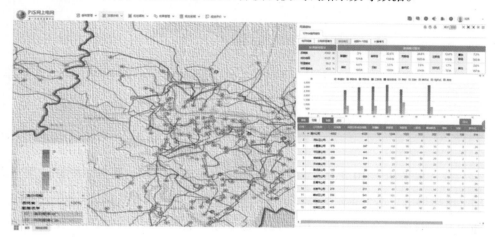

图 3.85　接线模式

（4）线路 N-1 校验

全面统计分析各单位配网线路 N-1 校验情况，支持查看 N-1 成功线路条数、当月满足 N-1、不满足 N-1 线路条数及占比、平均可转供负荷率，辅助分析配网线路 N-1 通过率，为后续构建配网目标网架提供基础。

功能路径："首页—专业—规划全过程—发展诊断—网架结构—线路 N-1 校验"。

操作说明：选择"线路 N-1 校验"进入界面，可分单位查看 N-1 成功线路条数、当月满足 N-1、不满足 N-1 线路条数及占比、平均可转供负荷率。并且图表相互结合，通过柱状图展示当月满足 N-1 线路占比等数据。

接线模式界面如图 3.86 所示。

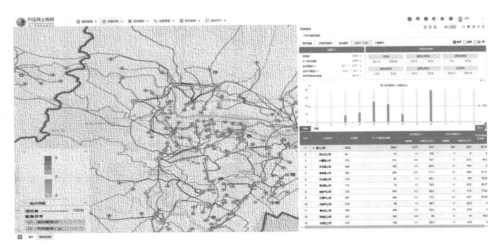

图 3.86　接线模式

3）装备水平

装备水平基于 10 千伏配电线路、配变及配电设施档案数据，根据资产性质、电压等级、运行年限等维度对各单位 10 千伏电网设备规模进行汇总统计，通过指标计算，全面、准确地衡量各省市县配电网装备水平，并生成装备水平问题清单，为后续针对性更换老旧设备提供依据，保障电网安全。

功能路径："首页—专业—规划全过程—发展诊断—装备水平—10 千伏电网设备"。

操作说明：选择"10 千伏电网设备"进入界面（图 3.87），可分单位、分设备类型、非电压等级、分运行年限、分资产性质查看配变台数、配变容量、配线条数、配线长度等数据，支持各单位查看分析老旧配变、高损配变、老旧配电线路等问题。通过单击各单位的合计数据可查看变电明细、线路明细，包括设备名称、电压等级、变电容量、线路长度、运行年限、设备状态等。并且图表相互结合，通过柱状图展示配变台数、线路台数、配电站室座数、配电开关个数等数据。

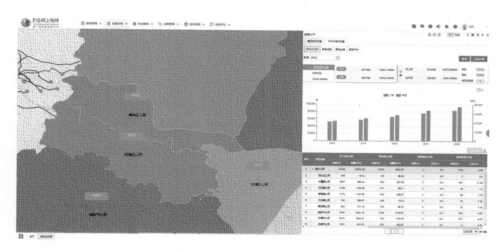

图 3.87　10千伏电网装备水平图

4）供电质量

供电质量主要从供电可靠性、电压合格率 2 个方面进行计算评估，通过指标计算全面、准确地衡量各省市县配电网供电质量水平，并生成供电能力问题清单。

（1）供电可靠性

区域供电可靠性主要通过集成设备部指标，如供电可靠率、用户平均停电次数、用户平均停电时间等体现该单位城网、农网的供电可靠性情况等，体现该单位城网、农网的供电可靠性情况，为后续针对性精准规划提供决策依据。

功能路径："首页—专业—规划全过程—发展诊断—供电质量—供电可靠性"。

操作说明：选择"供电可靠性"进入界面（图3.88），可分单位查看城网、农网的供电可靠性情况，图表相互结合，通过柱状图和曲线展示城网、农网供电可靠率及同比等数据。

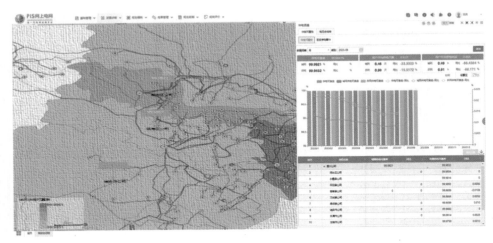

图 3.88　供电可靠性水平图

（2）配变停电事件

区域配变停电事件主要通过用采系统集成配变和用户停电事件数据，计算分析该单位停电配变数、停电次数、停电影响用户数、停电时户数等，在全停台区基础上进一步判别出频繁停电配变问题，便于各单位依据梳理出的频繁停电配变作出相应治理措施。

功能路径："首页—专业—规划全过程—发展诊断—供电质量—配变停电事件"。

操作说明：选择"配变停电事件"进入界面（图3.89），可查看停电总体情况、台区全停事件及台区低压停电等情况，支持分单位查看停电台区、停电用户、停电时户等情况，图表相互结合，通过柱状图和曲线展示全停台区、非全停台区台数及频繁停电台区占比等数据。

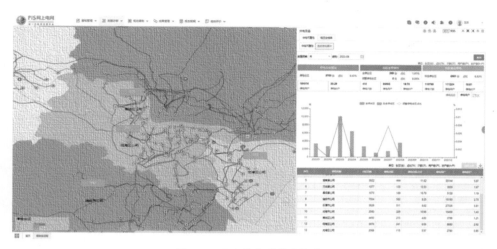

图 3.89　配变停电事件统计图

（3）电压合格率

通过集成设备部综合电压合格率指标来获取各单位的电压合格率，为后续深入分析网荷匹配程度提供依据。

功能路径："首页—专业—规划全过程—发展诊断—供电质量—电压合格率"。

操作说明：选择"电压合格率"进入界面（图3.90），可分月度、期别查看城网、农网电压合格率，支持分单位查看城网、农网电压合格率，通过柱状图和曲线展示城网、农网电压合格率以及同比等情况。

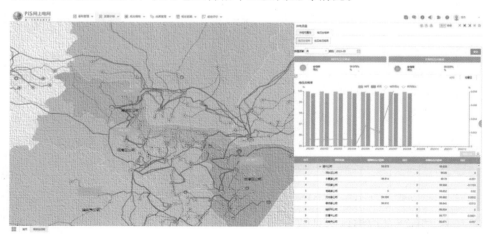

图 3.90　电压合格率

（4）台区电压越限

台区电压越限基于台区电压运行数据、台区标签、国网电压标准，计算汇总各单位电压越上限台区和越下限台区数量，分析分布式光伏台区影响电压越限。支撑各单位分析查看各区域电压越限情况，为后续深入分析网荷匹配程度提供依据。

功能路径："首页—专业—规划全过程—发展诊断—供电质量—台区电压越限"。

操作说明：选择"台区电压越限"进入界面（图 3.91），可分月度、期别、是否为光伏台区查看各单位台区总数、越上（下）限次数、越限率均值、越上（下）限台区数等数据。通过单击单位名称前的" ⊞ "按钮可查看电压越限明细，包括台区名称、额定容量、越上（下）限率、越上（下）限次数、累计越上（下）限时长、是否严重越上限、所属线路等数据。图表相互结合，通过柱状图展示光伏越限台区及非光伏越限台区等情况。

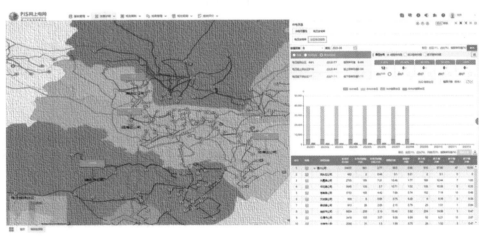

图 3.91　电压合格率

3.2.2　问题清单

基于电网设备运行明细数据和电网结构，定期计算变电站、变压器、线路等设备的最大负载率、平均负载率运行年限等指标；基于电网分析的指标结果，设定问题分类标准，系统自动诊断汇集生成各公司各电压等级的供电能力、网架结构、装备水平、供电质量等问题清单。

问题清单模块充分发挥了图数一体、在线交互、人工智能的"网上电网"信息平台数字化优势，打造了电网"云诊断"新模式，以数据化直观地呈现电网发展趋势，以问题为导向，有针对性地精准提升电网供电能力、装备水平、供电质量，优化网架结构，聚焦电网薄弱环节，精准定位问题症结，为下阶段发展目标、对策建议提供决策依据。

功能路径："首页—专业—规划全过程—发展诊断—问题清单"。

操作说明：选择"问题清单"进入界面（图3.92），可分数据频度、期别查看各单位问题总数以及供电能力、网架结构、装备水平、供电质量问题数量，图表相互结合，通过柱状图展示近5年各类型问题个数。

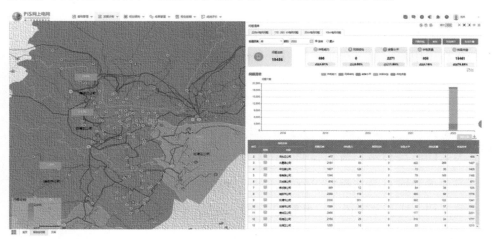

图 3.92　问题清单汇总数据

通过单击单位名称前的"▦"按钮可查看各设备对应的问题类型、问题星级、指标描述等明细数据，如图3.93所示。

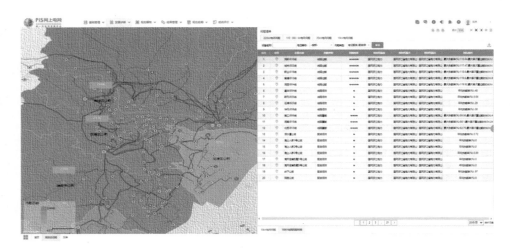

图 3.93　问题清单明细数据

3.3　电力需求预测

3.3.1　负荷预测

1）用电形势分析

网上电网具备用电形势分析功能，可分别根据第一产业高压用户、第二产业高压用户、第三产业高压用户和低压用户总数量、总容量、用户接入需求及变化趋势，研判当前用户用电形势，辅助发展规划、营销、运检等专业进行趋势把握。

进入发展诊断界面，通过单击顶部导航页签选择"用电分析"，进入界面，单击不同电压等级、数据频度、日期等均可查询；进入发展诊断界面，通过单击顶部导航页签选择需求管理，进入界面，该界面分为电源需求、用户接入需求和土地开发项目，以此管控不同项目类型的用户需求。

用户总数查看路径（图 3.94）："专业—规划全过程—发展诊断—用电分析"。

用户接入需求查看路径（图 3.95）："专业—规划全过程—发展诊断—需求管理"。

土地开发项目查看路径（图 3.96）："专业—规划全过程—发展诊断—需求管理—土地开发项目"。

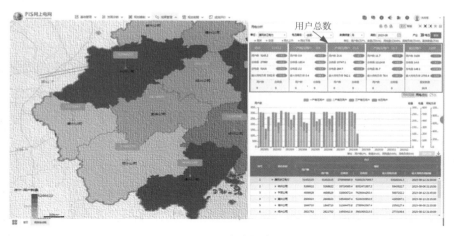

图 3.94　用户总数情况

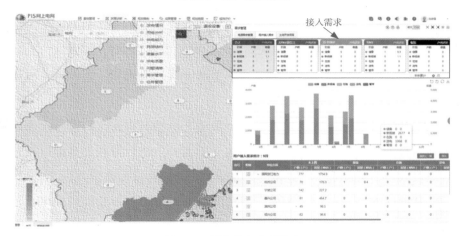

图 3.95　用户接入需求情况

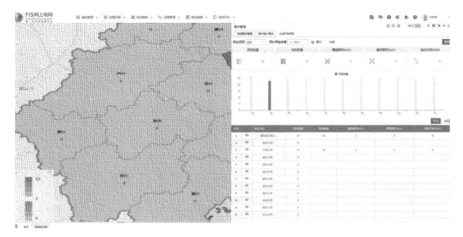

图 3.96　土地开发项目情况

2）多规合一分析功能

网上电网多规合一分析功能，以主干道、山丘、河流、海岸线等地理形态进行供电分区划分，边界及分区内土地利用性质与国土空间规划相适应。多规合一适应配电网规划、建设、运维、营销等各业务展开，对下一步高压配电网变电站布点和目标网架构建工作具有指导意义。

功能路径："专业—规划全过程—基础管理—作业区管理"。

进入基础管理界面，通过单击顶部导航页签选择"规划区管理"，进入界面选择"城乡控规管理"，该界面分为"国土空间规划""控制性详细规划""土地开发"。

"国土空间规划"先设置所在县区城乡街道数量，再分别上传国土空间规划报告、规划相关图纸、专题规划，最后可将多种控规进行展示。

控制性详细规划可根据某地块特殊需求进行特殊规划功能设置，通过单击"绘制"按钮对某地块控规进行绘制。

土地开发可对某区块土地开发进行新增和维护，单击"新增"按钮，输入土地名称和用地年度可增加规划用地；单击"土地开发项目维护"按钮，可对地块数量、覆盖面积、饱和负荷等地块开发信息进行维护。

以某地区多规合一情况为例：通过网上电网多规合一管理模块可知，某市城区北侧与其他区县市相邻，南侧以某国道为界，东西侧主要以城郊为界，整个某街道分区以城区为中心，包含至城郊区域。某乡镇区域实现耕地、林地、园区等控规的多规合一，适应配电网规划、建设、运维、营销等各业务展开，对某公司下一步高压配电网变电站布点和目标网架构建工作具有指导意义，如图 3.97、图 3.98 所示。

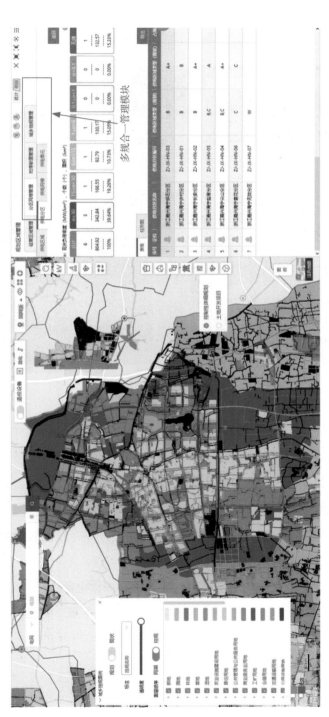

图 3.97 某地区多规合一情况

图 3.98　某地区卫星地图

3）分电压等级网供负荷预测

网上电网具备分电压等级网供负荷预测分析功能，进入"发展诊断"界面，通过单击顶部导航页签选择"用电分析"，进入界面选择"供电能力"选项后，可分别查看220千伏、110千伏、35千伏、10千伏网供负荷和变化趋势，包含最大下网负荷、最小下网负荷及近三年负荷增速分布，辅助发展规划、营销、运检等专业研判当前网供负荷增长趋势。

功能路径："专业—规划全过程—发展诊断—供电能力"。

以某地区110千伏网供负荷预测情况为例：近年来，某地区110千伏网供负荷稳步增长，从2021年的732.48兆瓦增长到2023年的811.88兆瓦，近三年增速为3.49%，如图3.99所示。

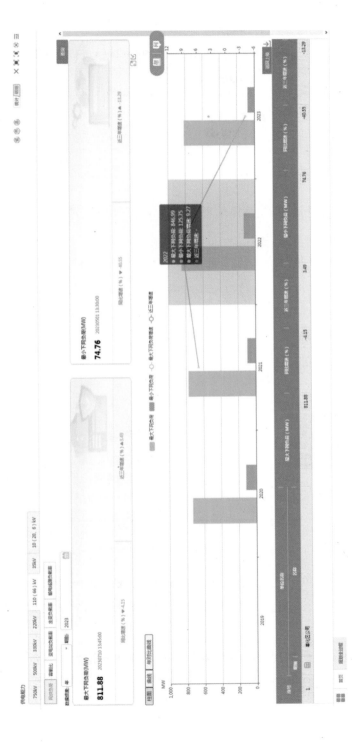

图 3.99　某地区 110 千伏网供负荷图

表 3.1　某地区 110 千伏 2021—2023 年网供负荷汇总表

年份	110 千伏网供负荷 / 兆瓦	增长率 /%
2021	775.16	5.84
2022	846.99	9.27
2023	811.88	−4.15

某地区年负荷特性曲线整体呈现冬夏"双峰"特征，季节性负荷差异大，如图 3.100 所示。

从 2022、2023 年月最大负荷曲线图可以看出，受到气温季节的影响，年最大负荷出现在夏季，7、8 月份持续最高负荷，而春秋两季负荷明显偏低，冬季负荷有所回升，但是低于夏季负荷。由此可见试点区内冬季取暖负荷低于夏季空调用电负荷。

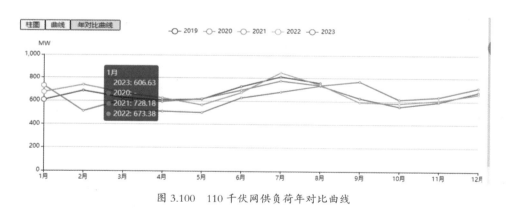

图 3.100　110 千伏网供负荷年对比曲线

某地区夏季日负荷峰谷差较小，负荷高峰出现在 10—11 时，主要受夏季高温影响，负荷低谷发生在凌晨 5 时左右，日峰谷差率在 37.82% 左右，如图 3.101 所示。

冬季日负荷曲线呈现"两峰两谷"特性，峰谷差较大，日负荷曲线峰谷差率超过 47%，凌晨 4—5 时出现负荷低谷，如图 3.102 所示。

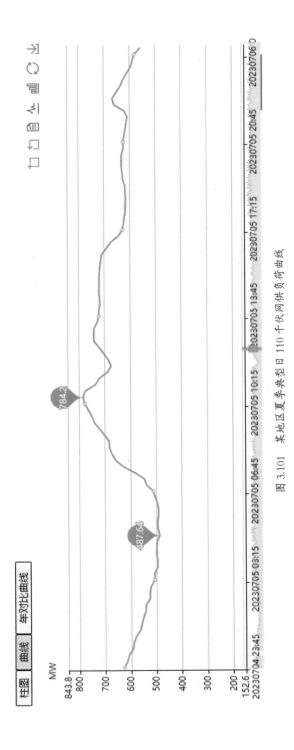

图 3.101　某地区夏季典型日 110 千伏网供负荷曲线

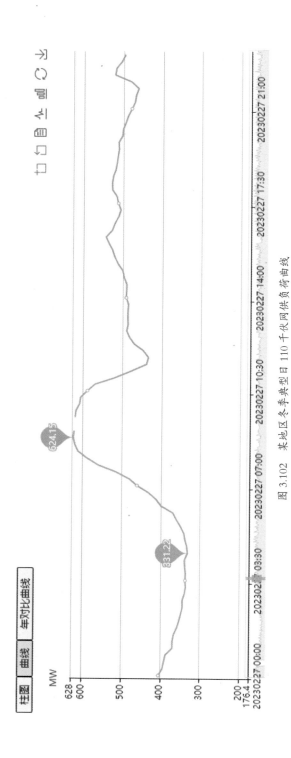

图 3.102 某地区冬季典型日 110 千伏网供负荷曲线

3.3.2 电量预测

利用"图片＋文字"的形式，说明本项功能如何操作以及本项功能的作用。用案例说明此项功能。

1）电源装机与发电量

网上电网规划全过程模块具有展示本地区风电、光伏、水电、火电、核电等电源装机与发电量情况等功能，进入"发展诊断"界面，通过单击顶部导航页签选择"发电情况"，可"分电压等级""分数据频度"查询所在区域状况。

功能路径："专业—规划全过程—发展诊断—发电情况"。

以某地区电源装机情况为例：某地区的本地电源装机以水电、火电和光伏为主。截至 2023 年 8 月，某地区电源总装机容量为 13.4 万千瓦，其中，水电和火电是某地区总装机占比前二的电源，分别为 9.9 万千瓦和 3.5 万千瓦，占比为 73.88% 和 26.12%。某地区光照资源禀赋不突出，光伏装机容量较小，占比仅为 11.49%，如图 3.103 所示。

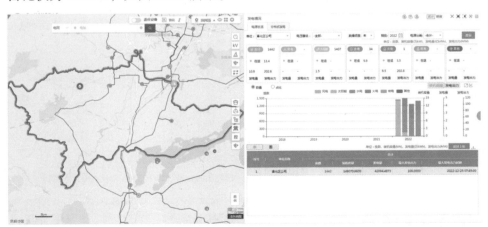

图 3.103　某地区电源总览图

对比 2022 年同期，水电和火电装机容量保持稳定，基本无变化。光伏装机容量从 1.49 兆瓦增长到 1.54 兆瓦，增速为 3.36%，增长趋势稳健。

某地区电源总览图如图 3.104 所示。

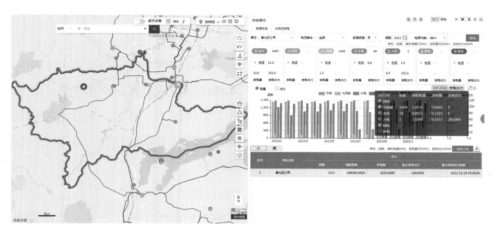

图 3.104　某地区电源总览图

2022 年，某地区电源全年累计发电约 4.2 亿千瓦时，占该市全社会用电量（30.06 亿千瓦时）的 13.97%。火电仍然是本地电源中的出力主力，占比超过 90%。抽蓄的出力时间通常为白天的负荷高峰，起到了削峰填谷的作用。光伏和风电的发电占比较小。但某地区超过 80% 的电量仍然是通过外部输入的，电力对外依赖较强，如图 3.105 所示。

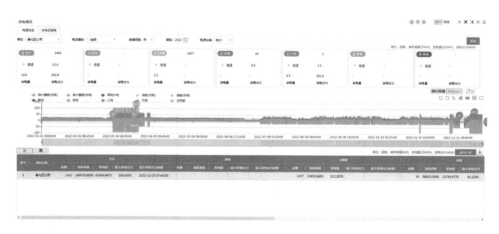

图 3.105　某地区各类电源发电出力占比

综上所述，某地区的本地电源以传统能源火电为主，抽蓄作为补充，装机规模较小，为受入型电网，未来仍将主要依靠大电网供电。

2）用电量预测

网上电网规划全过程模块具有用电负荷与用电量情况分析功能，依据历年用电量曲线，预测未来几年区域用电发展情况。进入发展诊断界面，通过单击顶部导航页签选择"用电分析"，可根据"电压等级""分数据频度"查询所在区域用电状况。

功能路径："专业—规划全过程—发展诊断—用电分析"。

以某地区电源装机情况为例：某地区电力用户以低压用户数量最多，第二产业高压用户用电量最大。2022 年，某地区公司用户总数 348 114 户，总容量 181 万千伏安，总用电量 30.05 亿千瓦时。

高压电力用户以 10 千伏接入为主，少量二、三产业高压采用 110 千伏和 35 千伏电压等级接入。高压用户主要聚集在某地区北部的平原地区和东部的沿海地区，西部山区的高压用户较少。第二产业高压用户用电总量为 21.36 亿千瓦时，占比超过 65%，与某地区以工业为主的城市发展格局相匹配。低压用户以 220 伏接入为主，用户数量最多，以居民用户为主，户均用电量较小，如图 3.106、图 3.107 所示。

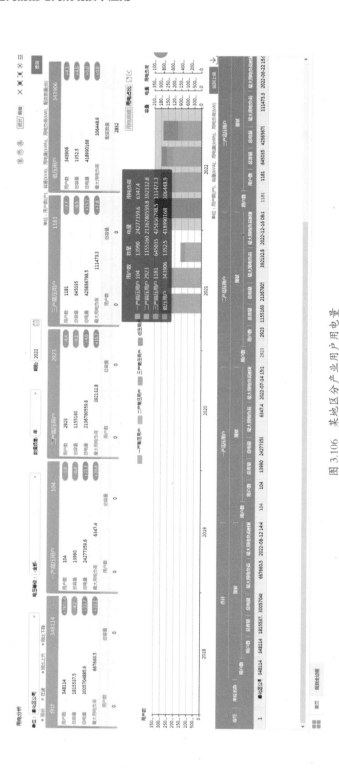

图 3.106 某地区分产业用户用电量

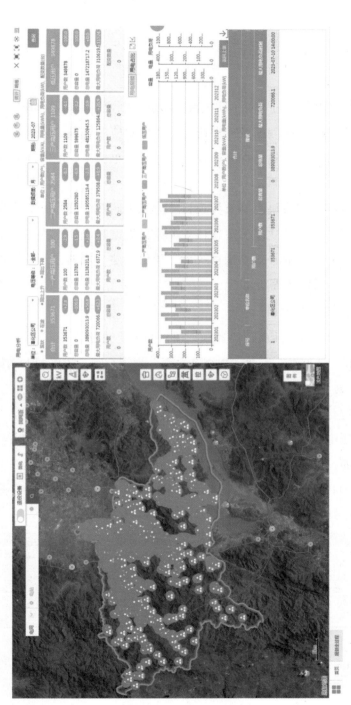

图 3.107 某地区用户地理分布图

3.4 配电网规划

中压配电网规划通过"对不同项目类型进行创建""规划作业"等操作，实现了对规划项目关联问题及需求统筹，调用对应的合理工期模板，根据规划投产时间倒排形成项目里程碑计划，最终对各单位中压电网规划纳规进展情况进行图、数全方位展示。

中压配电网规划模块由网架类项目、电源（储能）接入配套项目、用户接入配套项目、一般性建设改造项目4个项目类型组成，支撑各个单位中压电网规划项目上图作业，包括项目统计、项目创建、规划作业、投资匡算、里程碑计划、项目确认等功能。

3.4.1 配电网项目规划

下面以网架类项目为例，简述规划项目的创建纳规。

功能路径："首页—专业—规划全过程—规划编制—中压配电网规划"。

1）项目创建

项目创建有两种创建方式，具体如下：

进入中压电网规划界面，通过单击顶部导航页签选择不同的项目类型，进入统计界面，单击公司名称前面"▤"按钮，进入项目列表界面，在地图上单击对应项目类型的设备，弹出悬浮标签，单击"创建项目"右侧跳转项目创建页面；具体项目分类对应设备详情如图3.108所示。

项目类型	项目类型对应设备
网架类项目	变电站
	线路
	控规用地
电源（储能）接入配套项目	电厂
用户接入配套项目	大用户
一般性建设改造项目	线路
	配电设施

图 3.108 设备创建项目分类

中压配电网规划页面和创建项目页面如图3.109、图3.110所示。

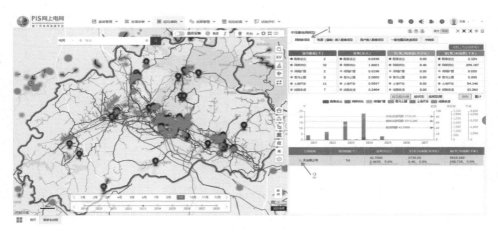

图 3.109　中压配电网规划页面

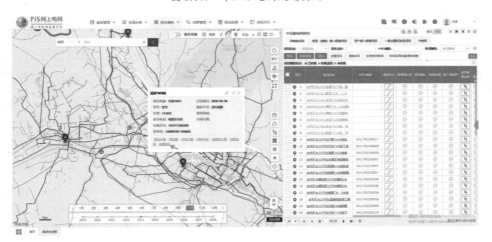

图 3.110　项目列表——创建项目 1

　　进入中压电网规划界面，通过单击顶部导航页签选择不同的项目类型，进入统计界面，单击公司名称前面"　　"按钮，进入项目列表界面，单击"创建项目"按钮进入项目创建界面，如图 3.111 所示。

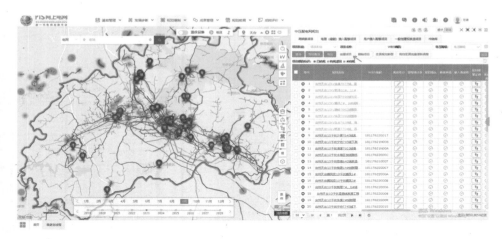

图 3.111　项目列表—创建项目 2

基于操作习惯，通常采用第二种创建项目方法进行系统操作。

进入项目创建页面，维护一级分类（必填）、二级分类（必填）、项目所在地（自动获取，可手动修改）、厂站或线路名称（必填）、开工时间（必填）、投产时间（必填），按需选择关联设备（项目关联设备在项目创建保存后，地图会定位到关联设备位置），按照对应类型生成对应工程名称，单击"保存"按钮，项目创建成功。具体项目分类情况及工程名称命名规则如图 3.112、图 3.113 所示。

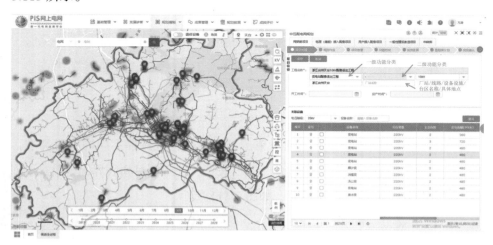

图 3.112　项目创建信息页面

功能菜单	项目类型	一级功能分类	二级功能分类	项目所在地	电压等级	厂站/线路/设备设施/台区名称/具体地点	补充描述	名称后缀	工程名称	示例	备注
10（20、6）中压配电网规划项目分类	网架类项目	变电站配套送出工程	-	台州天台	10kV	110k綦风变	禁用	配套送出工程	项目所在地+厂站名称+电压等级+名称后缀	台州天台110k綦风变10kV配套送出工程	
		网架结构优化工程	线路重过载治理切改工程	台州天台	10kV	杨家T407线	禁用	重过载治理切改工程	项目所在地+电压等级+线路名称+名称后缀	台州天台10kV杨家T407线重过载治理切改工程	
			线路低电压治理切改工程	台州天台	10kV	杨家T407线等3条线路	禁用	低电压治理切改工程	项目所在地+电压等级+线路名称+名称后缀	台州天台10kV杨家T407线等3条线路低电压治理切改工程	
			存量网架结构优化工程	台州天台	10kV	杨家T407线等3条线路	禁用	网架优化工程	项目所在地+电压等级+线路名称+名称后缀	台州天台10kV杨家T407线等3条线路网架优化工程	
		10kV间隔扩建工程	-	台州天台	10kV	杨家山开关站	禁用	间隔扩建工程	项目所在地+设备设施名称+电压等级+名称后缀	台州天台杨家山开关站10kV间隔扩建工程	
		土地开发配套新建骨干网架工程	-	台州天台	10kV	于庄路等3条线路	黄辛庄小区配套	新建工程	项目所在地+补充描述+电压等级+线路名称+名称后缀	台州天台黄辛庄小区配套10kV于庄路等3条线路新建工程	
		线路整体改造工程	防灾抗灾能力提升工程	台州天台	10kV	于庄路	禁用	防灾抗灾能力提升工程	项目所在地+电压等级+线路名称+名称后缀	台州天台10kV于庄路防灾抗灾能力提升工程	
			中心城区架空线入地工程	台州天台	10kV	于庄路	禁用	架空线入地工程	项目所在地+电压等级+线路名称+名称后缀	台州天台10kV于庄路架空线入地工程	
			线路整线改造工程	台州天台	10kV	于庄路	禁用	整体性改造工程	项目所在地+电压等级+线路名称+名称后缀	台州天台10kV于庄路整体性改造工程	
		独立电力管沟土建工程	-	台州天台	-	昊天东路	禁用	电力管沟工程	项目所在地+具体地点+名称后缀	台州天台昊天东路电力管沟工程	
	电源（储能）接入配套项目	电源接入工程	-	台州天台	10kV	黄辛庄小区分布式	禁用	电源接入工程	项目所在地+电压等级+电源名称+名称后缀	台州天台10kV黄辛庄小区分布式电源接入工程	
		储能接入工程	-	台州天台	10kV	黄辛庄	禁用	储能接入工程	项目所在地+电压等级+电源名称+名称后缀	台州天台10kV黄辛庄储能接入工程	
	用户接入配套项目	常规业扩配套工程	充换电设施接入工程	台州天台	10kV	黄辛庄小区二期	禁用	充换电设施接入工程	项目所在地+电压等级+用户名称+名称后缀	台州天台10kV黄辛庄小区二期充换电设施接入工程	
			其他工程	台州天台	10kV	黄辛庄小区二期	禁用	业扩配套工程	项目所在地+电压等级+用户名称+名称后缀	台州天台10kV黄辛庄小区二期业扩配套工程	
		煤改电配套工程	-	台州天台	10kV	黄辛庄小区二期	禁用	煤改电配套工程	项目所在地+电压等级+用户名称+名称后缀	台州天台10kV黄辛庄小区二期煤改电配套工程	
		机井通配套工程	-	台州天台		黄辛庄	禁用	机井通配套工程	项目所在地+电压等级+用户名称+名称后缀	台州天台 黄辛庄机井通配套工程	
		三供一业配套工程	-	台州天台	10kV	黄辛庄小区二期	禁用	三供一业配套工程	项目所在地+电压等级+用户名称+名称后缀	台州天台10kV黄辛庄小区二期三供一业配套工程	
		高层小区双电源工程	-	台州天台	10kV	黄辛庄小区二期	禁用	高层小区双电源工程	项目所在地+电压等级+用户名称+名称后缀	台州天台10kV黄辛庄小区二期高层小区双电源工程	
		老旧小区改造工程	-	台州天台	10kV	黄辛庄小区二期	禁用	老旧小区改造工程	项目所在地+电压等级+用户名称+名称后缀	台州天台10kV黄辛庄小区二期老旧小区改造工程	
		线路改造工程	线路绝缘化改造工程	台州天台	10kV	于庄路等3条线	禁用	绝缘化改造工程	项目所在地+电压等级+设备设施名称+名称后缀	台州天台10kV于庄路等3条线绝缘化改造工程	
			老旧线路改造工程	台州天台	10kV	于庄路	禁用	老旧线路改造工程	项目所在地+电压等级+设备设施名称+名称后缀	台州天台10kV于庄路老旧线路改造工程	
			纯低压线路改造工程	台州天台	0.4kV	黄辛庄台区等XX个台区	禁用	低压线路改造工程	项目所在地+设备设施名称+电压等级+名称后缀	台州天台黄辛庄台区等XX个台区0.4kV低压线路改造工程	项目创建时关联经营区范围内配电变压器，可多选，规划作业流程仅有项目创建和项目确认两个阶段，项目确认时项目投产规模及建设规模由用户输入，其中项目总投资字段按关联配变台数*50万元设置上限。
		台区/配变改造工程	电压越限台区改造工程	台州天台	10kV	黄辛庄等3个	禁用	台区低电压治理工程	项目所在地+电压等级+设备设施名称+名称后缀	台州天台10kV黄辛庄等3个台区低电压治理工程	
			频繁停电台区改造工程	台州天台	10kV	黄辛庄等3个	禁用	台区频繁停电问题治理工程	项目所在地+电压等级+设备设施名称+名称后缀	台州天台10kV黄辛庄等3个台区频繁停电问题治理工程	
			老旧配变改造工程	台州天台	10kV	黄辛庄等3个	禁用	老旧配变改造工程	项目所在地+电压等级+设备设施名称+名称后缀	台州天台10kV黄辛庄等3个老旧配变改造工程	
			高耗能配变改造工程	台州天台	10kV	黄辛庄等3个	禁用	高损耗配变改造工程	项目所在地+电压等级+设备设施名称+名称后缀	台州天台10kV黄辛庄等3个高损耗配变改造工程	
			台区增容改造工程	台州天台	10kV	黄辛庄等3个	禁用	台区增容改造工程	项目所在地+电压等级+设备设施名称+名称后缀	台州天台10kV黄辛庄等3个台区增容改造工程	
		柱上开关改造工程	老旧柱上开关改造工程	台州天台	10kV	于庄路等3个	禁用	老旧柱上开关改造工程	项目所在地+电压等级+设备设施名称+名称后缀	台州天台10kV于庄路等3个老旧柱上开关改造工程	
		配电站房改造工程	老旧环网柜改造工程	台州天台	10kV	黄辛庄1号	禁用	老旧环网柜改造工程	项目所在地+电压等级+设备设施名称+名称后缀	台州天台10kV黄辛庄1号老旧环网柜改造工程	
			老旧配电室改造工程	台州天台	10kV	黄辛庄	禁用	老旧配电室改造工程	项目所在地+电压等级+设备设施名称+名称后缀	台州天台10kV黄辛庄老旧配电室改造工程	
			老旧开闭站（所）改造工程	台州天台	10kV	黄辛庄1号	禁用	老旧开闭站（所）改造工程	项目所在地+电压等级+设备设施名称+名称后缀	台州天台10kV黄辛庄1号老旧开闭站（所）改造工程	
		综合性改造工程	-	台州天台	10kV	于庄路等3条线路	禁用	综合性改造工程	项目所在地+电压等级+设备设施名称+名称后缀	台州天台10kV于庄路等3条线路综合性改造工程	
		安全应急工程	-	台州天台				-	开放式命名		

图 3.113 项目分类及规则详情

注意事项：

在对电源（储能）接入配套项目进行创建时，有一个是否项目包选项 是否项目包： 否 ，此处选择"否"时项目创建要求如上；此处选择"是"时，仅要求维护一级功能分类，项目名称为开放式命名。

2）项目修改

进入项目创建页面，单击"修改"按钮，打开编辑权限，可进行数据信息修改，修改完成后，单击"保存"按钮，完成项目修改，如图 3.114 所示。

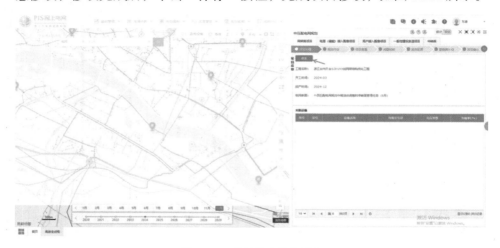

图 3.114　项目修改信息页面

3）项目删除

进入项目列表界面，勾选需要删除的项目，单击"删除项目"按钮，确认删除，完成项目删除操作，如图 3.115 所示。

4）规划作业

（1）查看规划作业

进入规划作业界面，页面顶部会显示出工具箱，可进行规划作业，页面右侧展示列表统计及规划作业日志，如图 3.116 所示。

图 3.115　项目删除信息页面

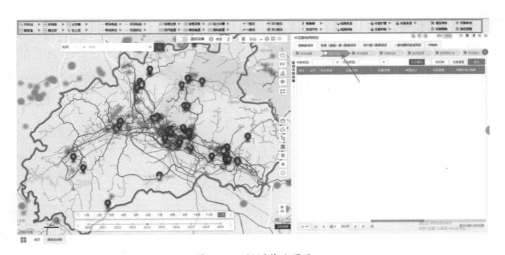

图 3.116　规划作业页面

（2）规划作业日志

规划作业日志可以通过"设备类型"—"作业类型"进行查询，作业日志信息以作业时间进行倒序形式展示，列表可查看设备名称、设备类型、典型设计、电压等级、设备规模、作业人员、作业时间等信息，其中修改设备、改造设备的作业日志会生成两条数据信息，分别为修改前和修改后、改造前和改造后的数据信息，如图3.117所示。

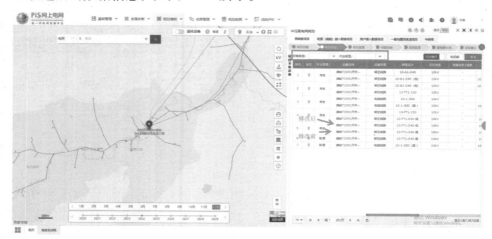

图 3.117 规划作业日志页面

（3）设备定位

规划作业日志列表，可对作业设备进行定位功能，列表中选择想查看的设备，单击"定位"按钮，左侧地图上会定位显示设备信息；再次单击"定位"按钮将取消定位图标显示，如图3.118所示。

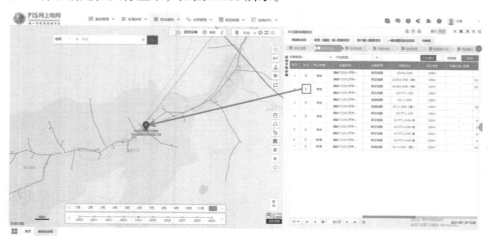

图 3.118 设备定位

（4）作业工具箱

作业工具箱与典型设计衔接，操作方式有两种：

①单击工具图标进行作业，跳转创建页面后，页面"典型设计"字段会默认显示典设列表第一个，单击下拉选项可重新进行选择。

②单击工具图标后的"下拉"选项选择"典设"后进行作业，跳转至创建页面后，页面"典型设计"字段会默认显示作业前选择的"典设"，单击下拉也可重新进行选择。选择"设备"后下拉可选择典设范围为本省启用的国网典设及本省新建典设，如图 3.119 所示。

图 3.119　站房设备创建

（5）站房创建

进入规划作业界面，页面顶部会显示工具箱，选择站房设备（开关站、环网柜、分支箱、配电室、箱式变、柱上变），单击想要创建的站房设备，在地图上选择"位置"，鼠标左键单击，右侧列表跳转至站房新建界面，维护"设备名称""典型设计""间隔名称"等信息后，单击"保存"按钮，即可完成站房设备创建，如图 3.120 所示。

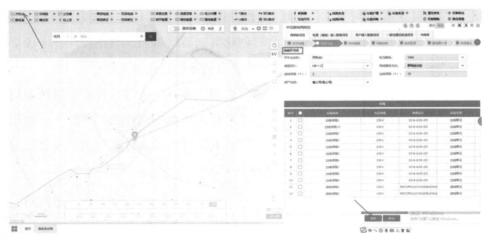

图 3.120　站房设备创建

设备创建成功后，地图上会显示站房图标，右侧列表生成对应作业日志信息展示，如图 3.121 所示。

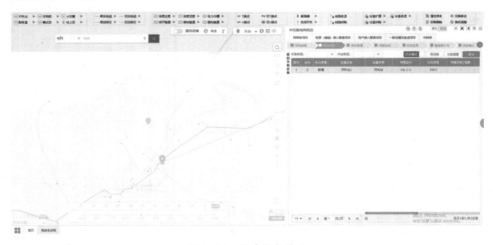

图 3.121　站房设备作业

（6）线路创建

进入规划作业界面，页面顶部会显示工具箱，规划线路新建工具分为单回架空、双回架空、单回电缆、双回电缆 4 类。

单回架空、单回电缆：单击对应图标，在地图上选择位置后单击"起始站房"，选择"间隔"，单击"确定"按钮后，在地图上连续单击"规划线路路径"，双击"终止站房"，选择"间隔"，单击"确定"按钮后完成线路绘制，右侧统计区展示线路属性信息，线路名称用户维护，默认为"起始站房—终止站房"，路径长度由地图计算，裕度系数默认为1，实际长度为路径长度 × 裕度系数，如图 3.122、图 3.123 所示。

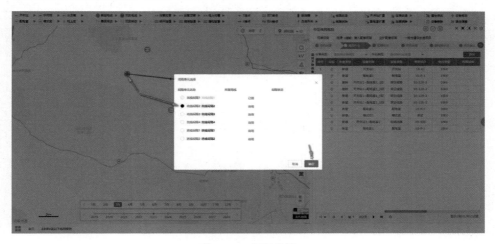

图 3.122　间隔选择

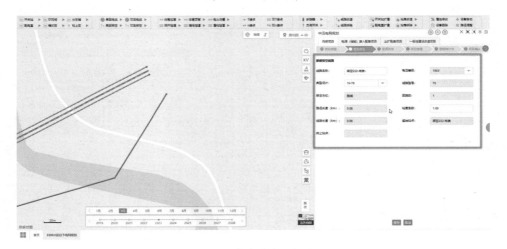

图 3.123　线路创建信息页面

对于电缆线路，埋设方式选择"排管（随线新建通道）、沟槽（随线新建通道）、隧道（随线新建通道）"时，同时需要选择对应类型通道的典设并维护通道信息，保存后，地图上会随线路路径创建管沟，如图 3.124 所示。

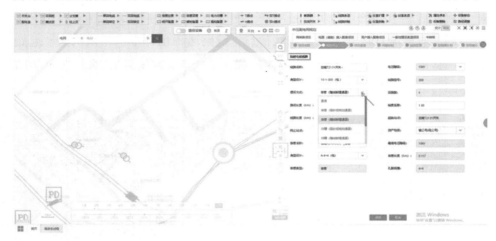

图 3.124　电缆线路创建

双回线路绘制时选择两次间隔，保存时保存两条线路数据，名称默认为线路名称+Ⅰ回、线路名称+Ⅱ回，双回电缆随线新建排管、沟槽、隧道时，仅创建一条管沟记录，如图 3.125 所示。

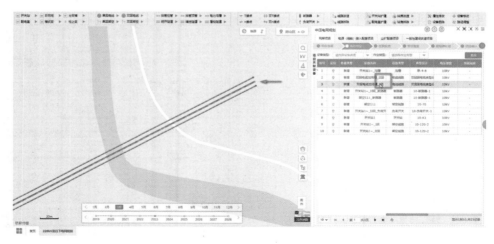

图 3.125　双回电缆线路创建

对于末端没有连接终止站房时，线路创建成功后，末端自动生成一个节点（图 3.126），再次绘制线路时，可作为起始站点再次连接线路。

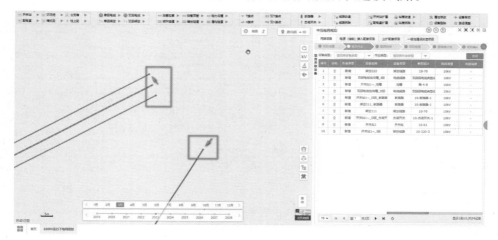

图 3.126　末端节点生成

（7）电力管沟创建

进入规划作业界面，页面顶部会显示工具箱，选择电力管沟设备"排管（含拉管排管、顶管排管）、电力沟槽、隧道（明开隧道、暗挖隧道、盾构隧道）"，单击想要创建的电力管沟设备，在地图上单击选择起始点，连续单击规划廊道路径，双击结束绘制，右侧列表跳转电力管沟新建界面，维护名称、典型设计后，单击"保存"按钮，完成电力管沟设备创建，如图 3.127 所示。

（8）T 接创建

进入规划作业界面，页面顶部会显示工具箱，单击 T 接点设备，在线路上选择对应位置，单击完成 T 接点创建，如图 3.128 所示。

（9）π 接创建

进入规划作业界面，页面顶部会显示工具箱，单击 π 接点设备，在线路上选择对应位置，单击完成 π 接点创建，如图 3.129 所示。

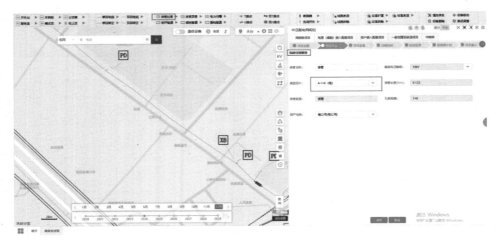

图 3.127　电力管沟设备创建

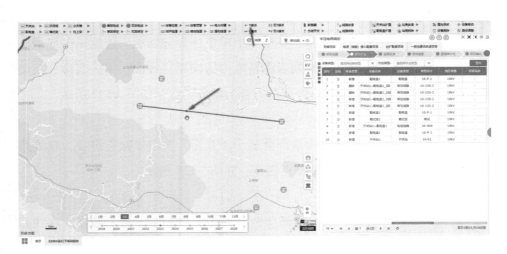

图 3.128　T接点创建

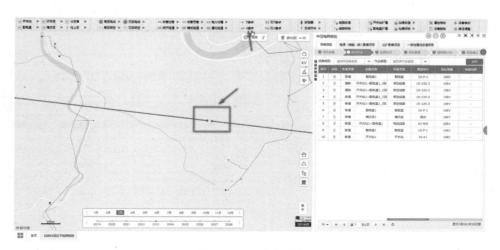

图 3.129 π 接点创建

（10）断路器、负荷开关创建

进入规划作业界面，页面顶部会显示工具箱，选择开关设备（断路器、负荷开关），单击想要创建的开关设备，在架空线路上选择对应位置（柱上开关只能添加到架空线路上），单击右侧跳转开关创建界面，在填写必要信息后，单击"保存"按钮，完成开关设备创建，如图 3.130 所示。

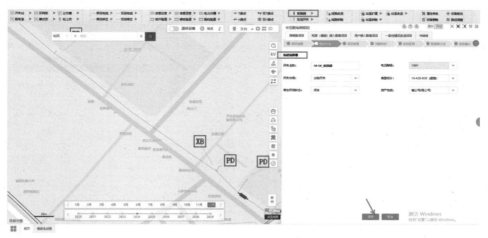

图 3.130 开关设备创建

（11）配电线路改造

进入规划作业界面，页面顶部会显示工具箱，单击线路改造，右侧列表将跳转至配电线路列表，如图 3.131 所示。

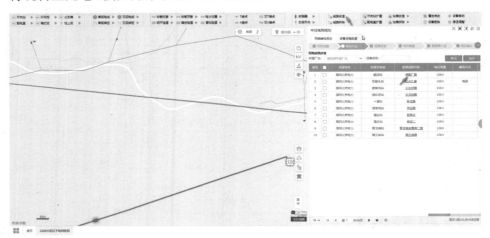

图 3.131　配电线路列表

单击配电线路名称，跳转改造信息列表，界面将显示配电线路下分段线路、柱上变、柱上开关信息。选择想要改造的内容（分段线路、柱上变、柱上开关），可进行改造或批量改造，如图 3.132 所示。

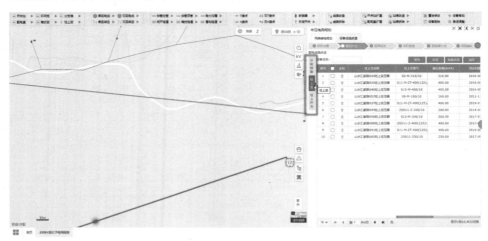

图 3.132　线路改造信息列表

如勾选某条线路段，单击"改造"按钮，该记录下新增一条记录，与原线路段信息一致，修改必要信息，单击"确定"按钮，完成线路段改造，如图3.133所示。

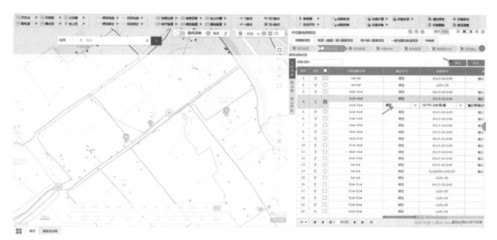

图 3.133　线路改造

（12）配电线路拆除

进入规划作业界面，页面顶部会显示工具箱，单击线路拆除，在地图上选择想要拆除的配电线路，单击线路，右侧列表将跳转至线路拆除界面，确认线路信息，单击"保存"按钮，完成线路拆除，如图3.134所示。

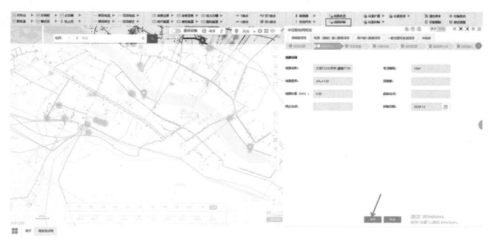

图 3.134　线路拆除

（13）站房扩建

进入规划作业界面，页面顶部会显示工具箱，单击"站房扩建"选项，右侧列表将跳转至站房扩建列表，如图 3.135 所示。

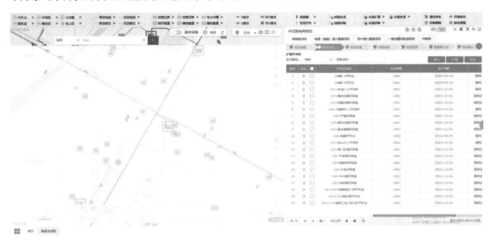

图 3.135 站房扩建列表

勾选其中一条数据，单击"扩建"按钮，跳转至扩建信息界面；可扩建的站内设备有间隔单元，列表单击"+"按钮，添加并填写必要信息，再单击"保存"按钮，完成站房扩建，如图 3.136 所示。

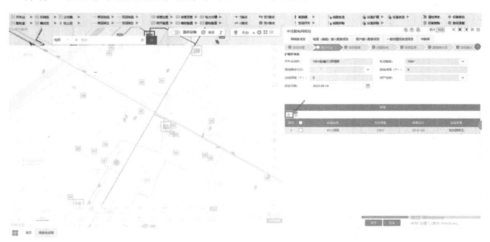

图 3.136 站房扩建信息界面

（14）站房改造

进入规划作业界面，页面顶部会显示工具箱，选择想要改造的站房（变电站改造、开关站改造、环网柜改造、分支箱改造、配电室改造、箱式变改造），单击后右侧列表将跳转至站房改造列表；在改造列表中勾选一条需要改造的数据，单击"改造"按钮，跳转改造信息界面，如图 3.137 所示。

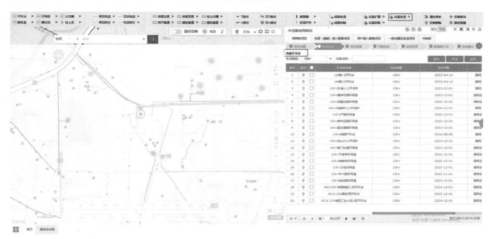

图 3.137 站房改造列表

（15）站房拆除

进入规划作业界面，页面顶部会显示工具箱，选择想要拆除的站房（开关站拆除、环网柜拆除、分支箱拆除、配电室拆除、箱式变拆除），单击后右侧列表将跳转至站房拆除列表。

勾选一条数据，单击"拆除"按钮，跳转拆除信息界面；在确认站房信息后，单击"保存"按钮，完成站房拆除，如图 3.138 所示。

注意事项：

操作时注意确认是整站拆除还是站内部分拆除。

（16）属性修改

进入规划作业界面，页面顶部会显示工具箱，单击属性修改，在地图上选择想要修改的设备，单击设备，右侧列表将跳转至设备信息修改界面，修改必要信息，单击"保存"按钮，完成属性修改，如图 3.139 所示。

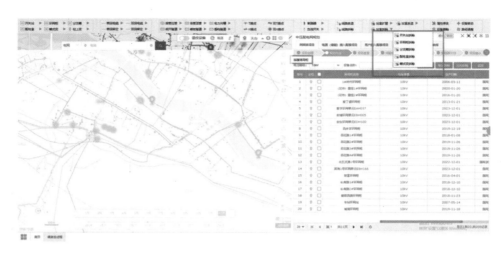

图 3.138　站房拆除列表

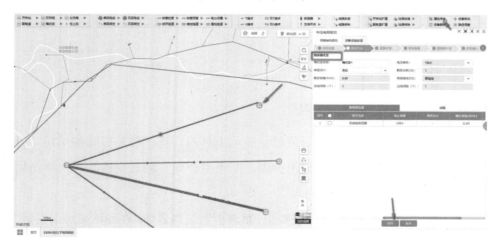

图 3.139　属性修改

（17）设备删除

　　进入规划作业界面，页面顶部会显示工具箱，单击设备删除，在地图上选择想要删除的设备，单击设备，弹出是否确认删除的提示框，单击"确定"按钮，完成设备删除，如图 3.140 所示。

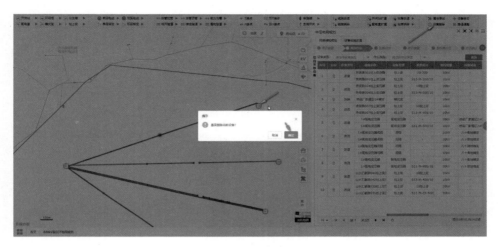

图 3.140　设备删除

（18）设备移动

进入规划作业界面，页面顶部会显示工具箱，单击设备移动，在地图上选择想要移动的站房设备，单击设备，移动至目标位置，双击完成设备移动，右击则取消操作，如图 3.141 所示。

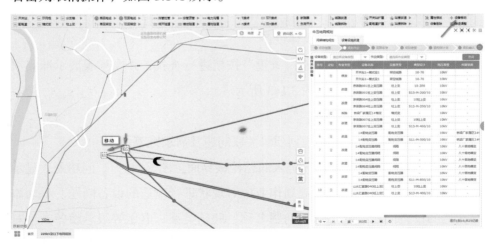

图 3.141　设备移动

（19）路径调整

进入规划作业界面，页面顶部会显示工具箱，单击路径调整，在地图上选择需要调整的线路，单击线路显示线路的所有拐点，单击拐点选中该拐点，拖动选中的拐点调整线路路径，双击结束调整，如图 3.142 所示。

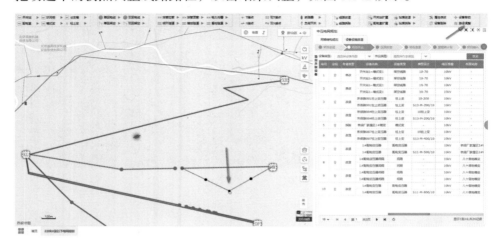

图 3.142　设备路径调整

5）项目查重

实现根据项目作业内容查找针对同一设备重复改造或建设内容重叠的项目，并展示冲突项目名称及具体设备。

进入项目查重界面，单击"查重"按钮进行查找，并在列表展示冲突项目名称及具体设备信息，如图 3.143 所示。

6）问题校核

统计问题清单，实现对规划项目关联问题及需求统筹。

单击"问题校核"按钮，进入问题校核界面（图 3.144），问题列表显示项目创建关联设备的问题、规划作业中对现状进行改造的设备问题、手动添加其他的设备问题，通过选择问题名称、问题类型、电压等级、设备类型对问题进行精准查询（单击"查询"按钮）；单击"添加"按钮进入电网问题界面（图 3.145），框选问题；单击"保存"按钮可将该问题保存至问题列表中；再单击"保存"按钮，问题关联成功。

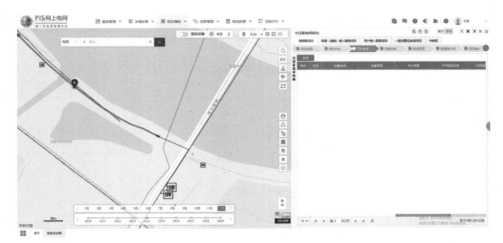

图 3.143　项目查重

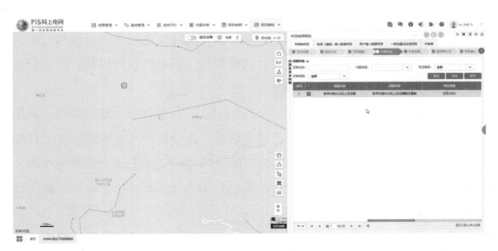

图 3.144　问题校核

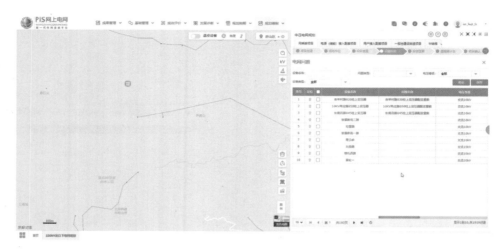

图 3.145　电网问题

注意事项：

本步骤在实际规划作业时，若问题校核无问题，可以直接进入下一步投资匡算。

7）投资匡算

实现统计展示投资匡算信息及建设规模信息。

投资匡算。进入"投资匡算"界面，投资匡算信息展示项目名称、建筑工程费、设备购置费、安装工程费、其他费用、基准版投资匡算，本处信息均不可修改，由 4 项费用加和得到。

①单击"基准匡算更新"按钮（图 3.146），可统计项目建设规模，调用综合造价，生成项目的 4 项费用及投资匡算。其中造价匹配规则是取项目创建时本单位最新发布的综合造价版本数据，对于综合造价任务分解到地市的，默认取该区县所属地市对应典设造价数据；如未分解到地市，取该区县所属省对应典设造价数据。

②基准匡算更新后，用户可根据需求修改／不修改规划投资，修改后单击"确认"按钮，更新项目的 4 项费用及投资匡算［再次单击"投资匡算"按钮计算时会覆盖原有数据（图 3.147）］。

③单击"综合造价"按钮，进入综合造价界面（图 3.148），查看各类设备造价数据。

图 3.146　基准匡算

图 3.147　投资匡算

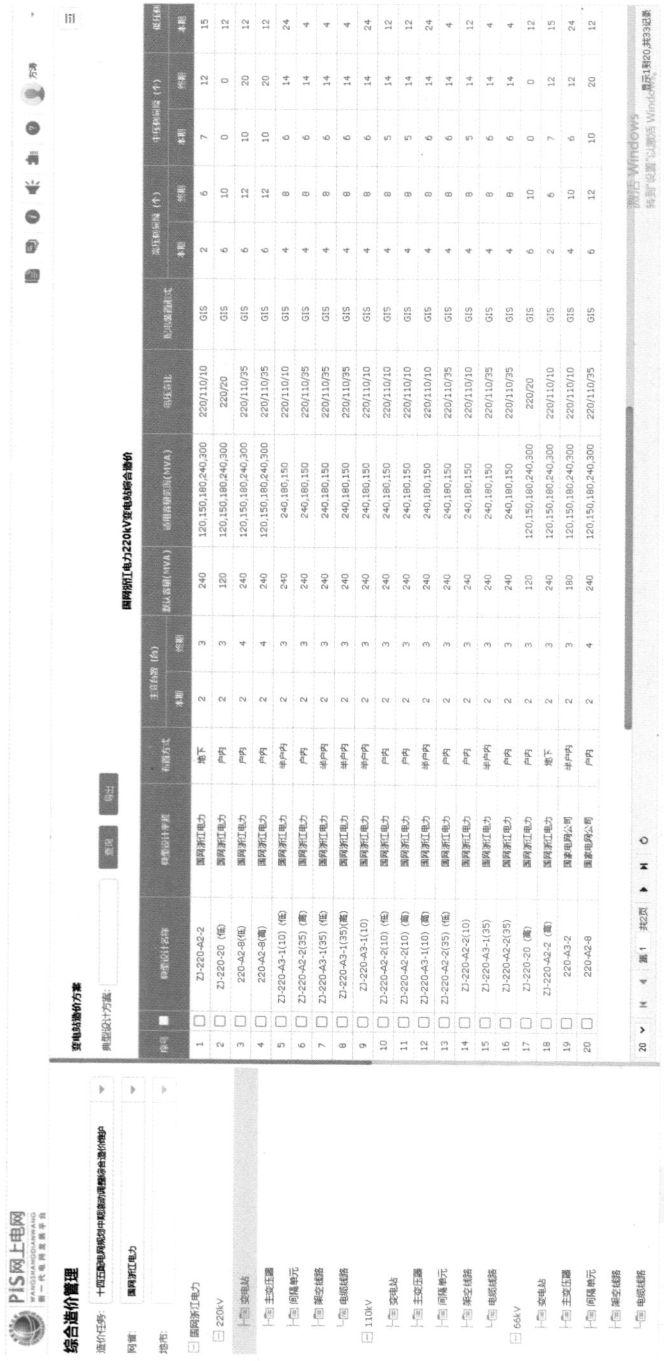

图 3.148 综合造价

8）规模统计

进入"投资匡算"界面可查看项目建设规模详细数据信息。其中各设备需维护资金来源比例，包括"中央计划""公司投资""用户投资"和"政府投资"，4 种来源比例之和必须等于 100%，默认为"公司投资"100%，其余为 0，单击显示编辑框，可根据设备实际情况进行调整，如图 3.149 所示。

建设规模统计规则为：

① "总计"行数据根据各设备类型投资匡算及资金来源比例计算得出。

② "各设备类型"行数据根据该类型下各设备投资匡算及资金来源比例计算得出。

③ "设备明细"行数据根据投资匡算及资金来源比例计算得出。

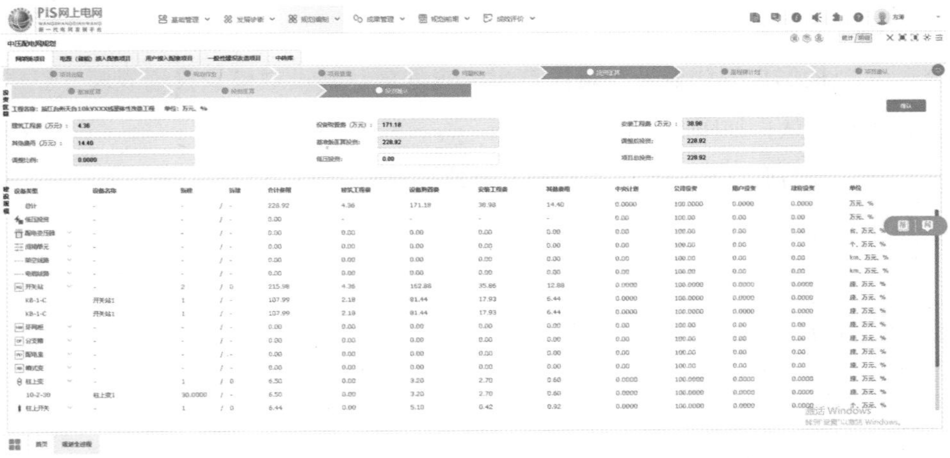

图 3.149　建设规模

9）里程碑计划

实现根据项目规划作业内容，判定项目建设类型，调用对应的合理工期模板，根据规划投产时间倒排形成项目里程碑计划。

进入"里程碑计划"界面，勾选"项目信息"，单击"生成里程碑计划"按钮，弹出生成里程碑计划信息框，维护项目类型，单击"确认"按钮，完成里程碑计划数据生成，如图 3.150 所示。

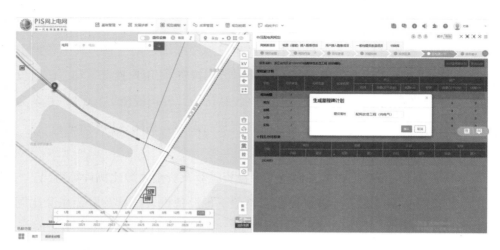

图 3.150　生成里程碑计划

10）项目确认

实现根据规划作业及投资匡算生成规划项目建设规模及投资规模，以供用户校核确认，如图 3.151 所示。

进入项目确认界面，可进行查看及信息维护，字段信息规则如下：

①工程名称、投产时间、所属单位字段取项目创建阶段信息。

②总投资、中央计划、公司投资、用户投资、政府投资字段取投资匡算阶段信息统计生成。

③线路、开关站、环网柜等设备规模信息根据规划作业阶段信息统计生成。

④所属网格取所属单位下最新发布的分区网格任务下的所有网格，供电区域类型为所选网格对应类型。

⑤建设类型取里程碑计划阶段判定类型。

⑥项目所属网格、是否农网项目等字段由用户手动维护。

图 3.151　项目确认

3.4.2　配电网评审纳规

评审纳规管理功能路径："专业—规划全过程—规划编制—评审纳规管理"。

"评审纳规"管理是针对已完成规划编制并确认的项目，通过项目纳规入库审核流程进行流转审核，按项目电压等级经不同单位层级审核后项目获取编码并转入规划库。

非网架类项目评审纳规业务说明：

针对规划编制确认完成的项目开展项目评审入库管理。

功能路径："专业—规划全过程—规划编制—评审纳规管理—非网架类项目纳规"。

电源（储能）配套项目包操作说明如下所述。

1）（区）县公司申请纳规

功能说明：（区）县单位根据实际需要新增电源（储能）配套项目包，选择需要入库的项目包进行纳规审核校验，通过后提交本单位任务至地市公司进行审核。

任务管理列表如图 3.152 所示。

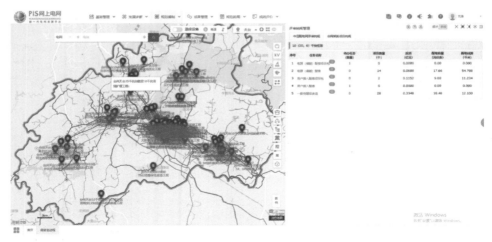

图 3.152　任务管理列表

电源（储能）配套项目包：单击电源（储能）配套项目包任务名称，进入分单位的任务列表（图 3.153）。单击查看详情进入该单位的项目明细页面。

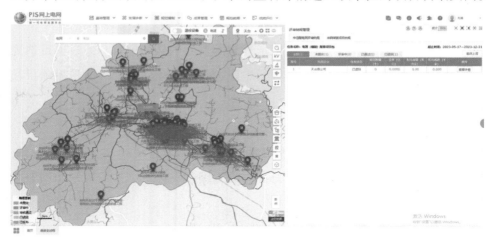

图 3.153　分单位任务列表明细

在任务明细页面单击"查看详情"默认进入展示待申请纳规的项目包列表，包括已入规划库的项目包和系统初始化待审核入库的项目包，如图 3.154 所示。

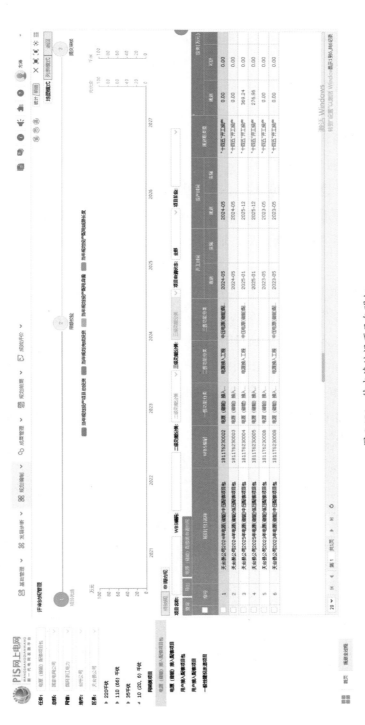

图 3.154　待申请纳规项目包明细

在待纳规页面，勾选需要开展纳规审核入库的项目包，单击"电源（储能）配套类申请纳规"按钮，选中的项目包则进入纳规审核入库流程。

在申请纳规页面，勾选项目包，单击"移除"则项目退出申请纳规审核流程。

在不超过该单位限额上限的情况下，单击"提交审核"，则该单位此类型任务将提交至地市公司审核。

2）地市公司审核

功能说明：地市公司对各（区）县单位提交的任务（包括任务下项目包的投资、容量和线路长度规模）逐一进行审核，该类任务下的全部（区）县单位提交的任务审核通过后，地市公司提交本单位该类任务至省公司进行审核。

电源（储能）配套项目包：单击电源（储能）配套项目包任务名称，进入分单位的任务列表（图3.155）。在评审中的分类下可查看提交审核的任务。单击查看详情进入该单位的项目明细页面。

单击查看详情可进入查看该下级单位提交的审核入库项目包明细（图3.156），单击审核发布，则该单位的项目包审核任务将审核完成，待地市下所有区县任务均审核通过后（图3.157），则地市公司提交本层级任务至省公司进行统一审核备案。

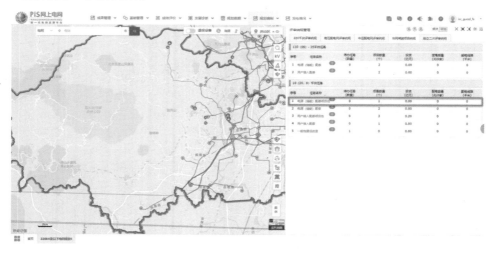

图 3.155　任务管理列表

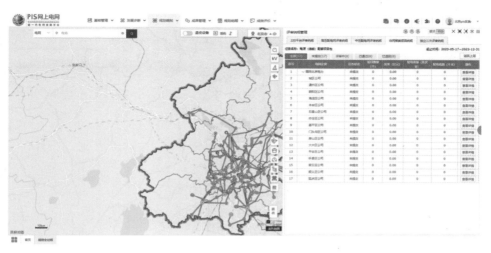

图 3.156　分单位任务列表明细——全部

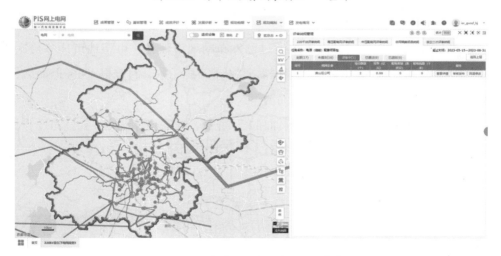

图 3.157　分单位任务列表——评审中

3）地市公司回退修改

功能说明：地市公司针对各（区）县单位提交的任务（包括任务下项目包的投资、容量和线路长度规模）逐一进行审核，审核不通过可退回任务至（区）县公司。

地市公司在分单位任务列表页面已通过分类下，选择（区）县任务，单击"回退修改"则将退回该任务至（区）县公司，如图 3.158 所示。

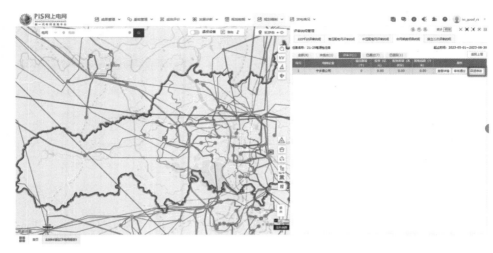

图 3.158 分单位任务列表——任务退回

4）地市公司重新提报

功能说明：省公司针对审核通过已发布的地市任务，可将地市任务再次退回地市公司重报，地市公司再根据需要将（区）县任务退回重报。任务退回后，任务下的项目将从规划库移出至优选库。

地市公司在分单位任务列表页面的已通过分类下，选择（区）县公司任务，单击"重新提报"则将退回该任务至（区）县公司，如图 3.159 所示。

图 3.159 分单位任务列表——重新提报

5) 地市公司开启任务

功能说明：省公司针对审核通过已发布的地市任务，可将地市任务再次开启（开启新的项目入库审核），地市公司再根据需要对(区)县任务进行开启。任务开启后，下级单位可进行新项目的入库审核。

地市公司在分单位任务列表页面全部分类下，选择（区）县任务，单击"开启任务"，如图 3.160 所示。

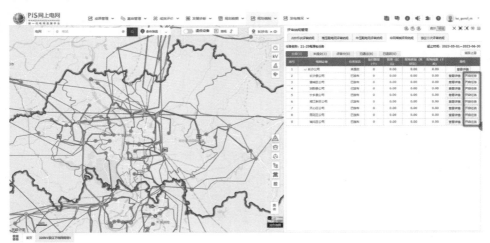

图 3.160　分单位任务列表——开启任务

注意事项：

非网架类项目中其余电源（储能）配套项目、用户接入配套项目包、用户接入配套项目、一般性建设改造项目的评审纳规流程按照电源（储能）配套项目包流程操作。

网架类项目评审纳规操作必须从评审纳规管理页面的"中压配电网评审纳规"按钮穿透进入项目明细页面，后续纳规流程与非网架类项目一致。

单击"查看详情"选项，进入查看该下级单位提交的审核入库项目明细，在任务列表中直接单击审核发布，则该下级单位的项目入库审核任务将审核完成，任务中的项目获取企业编码并进入规划项目库，如图 3.161 所示。

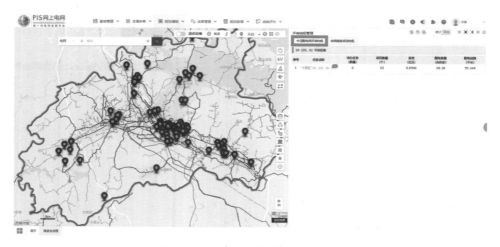

图 3.161　分单位任务列表——评审中

6）地市公司回退修改

功能说明：地市公司针对各（区）县单位提交的任务（包括任务下项目的投资、容量和线路长度规模）逐一进行审核，审核不通过可退回任务至（区）县公司。

3.5　规划项目成效评价

3.5.1　规划成果管理

成果管理分为规划项目库和规划里程碑计划 2 个部分。

功能路径："首页—专业—规划全过程—成果管理"，如图 3.162 所示。

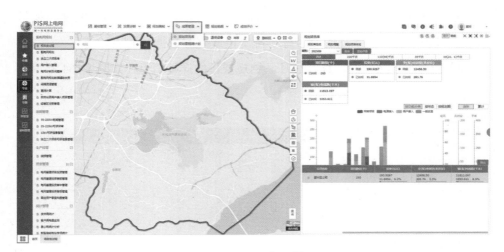

图 3.162　规划成果管理

1）规划项目库

功能路径："首页"—"专业"—"规划全过程"—"成果管理"—"规划项目库"，如图 3.163 所示。

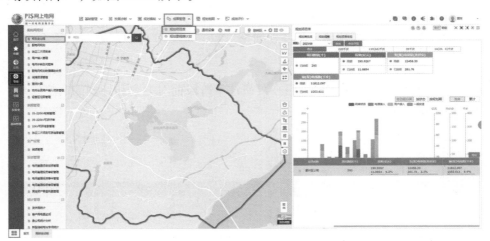

图 3.163　规划项目库

（1）规划库总览

功能路径："首页—专业—规划全过程—成果管理—规划项目库—规划库总览"。

在规划库总览的主页面可查看所属区县公司的各个月份的已纳规的项目数量、投资、变（配）电容量和输（配）电线路等数据及图表。

单击"[   ]"按钮，可查看当月已纳规项目的详细信息，如图 3.164 所示。

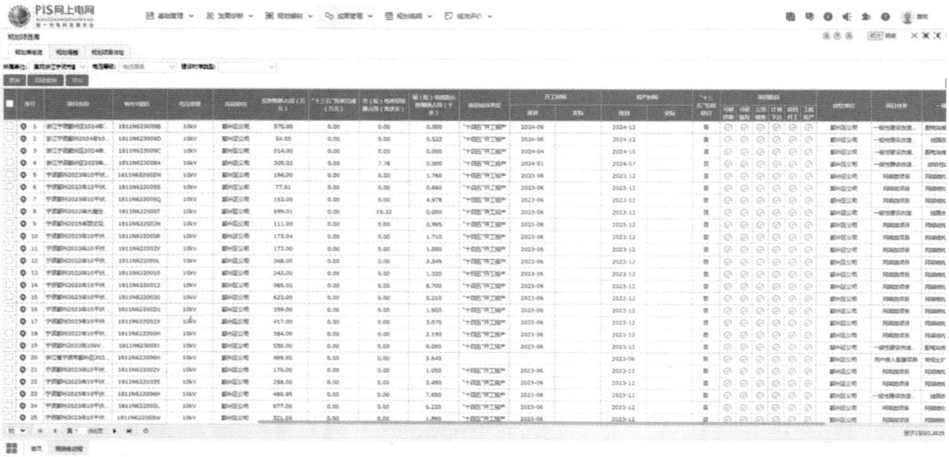

图 3.164　查看所属区县公司已纳规项目的详细信息

（2）规划调整

功能路径："首页—专业—规划全过程—成果管理—规划项目库—规划调整"。

规划调整主要用于可研项目在可研评审阶段前对方案和计划的调整修改，如图 3.165 所示。

图 3.165　对方案和计划的调整修改

（3）规划项目体检

选择校验类别、电压等级、项目类型实时开展规划项目校验，如图 3.166 所示。

功能路径："首页—专业—规划全过程—成果管理—规划项目库—规划项目体检"。

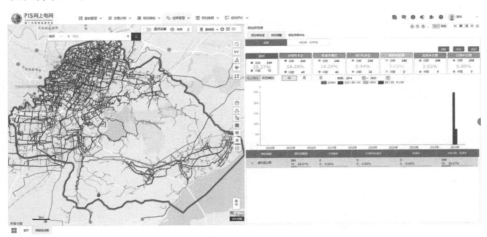

图 3.166　规划项目体检

单击"体检"按钮，系统将弹出体检选项界面，可选择需校验类别、规划项目电压等级、规划项目类别，选择完成后，单击"确定"按钮，执行校验操作，如图 3.167 所示。

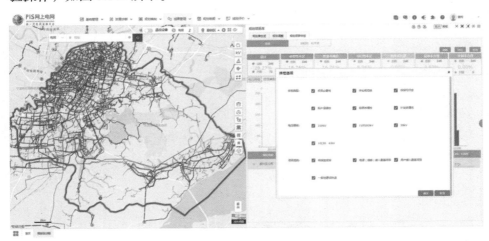

图 3.167　执行校验操作

单击电网企业前的"⬚"详情按钮，可查看对应单位的问题项目清册，包括项目名称、项目编码、各校验类型校验结果，其中"⊘"标识该类校验统计，"⊗"标识该类型校验不通过。

单击列表上方色块图区域的各校验类别统计色块，可筛选查看对应类型校验未通过的项目清册，如图 3.168 所示。

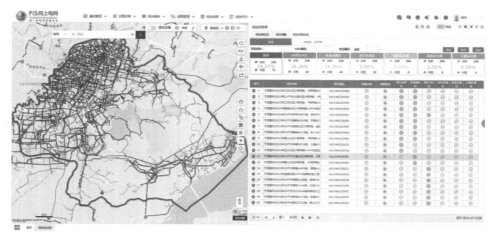

图 3.168　查看对应单位的问题项目清册

单击项目列表中的"⊖"详情按钮，弹出项目校验结果详情界面，可查看问题项目各类型校验具体问题，如图 3.169 所示。

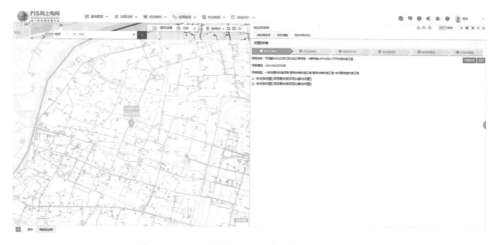

图 3.169　查看问题项目各类型校验具体问题

2）规划里程碑计划

规划里程碑计划主要用于查看各个阶段的数据。

单击"▤"按钮，可以看到各个项目的各个阶段的完成时间，如图 3.170 所示。

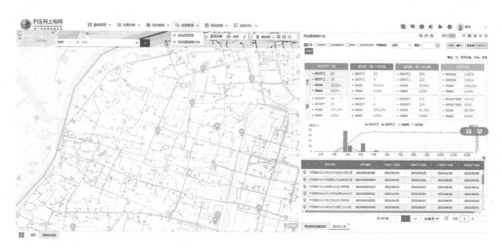

图 3.170 查看各个项目的各个阶段的完成时间

3.5.2 成效评价

成效评价内的规划落地评价有"规划落地评价""规划—可研规范性监测""可研—投产规范性监测"3 个部分，分别对应规划阶段的工作开展评价、规划实施过程中落地准确性的评价，项目投产后相应问题解决率的评价。

①规划落地率评价采用"年度评价、月度监测"的工作模式，包括规划落地率、容量规模一致率、线路规模一致率、投资规模一致率、项目方案一致率，如图 3.171 所示。

②单击"规划—可研规范性监测"，进入规划阶段与可研阶段项目的偏差分析界面，如图 3.172 所示。

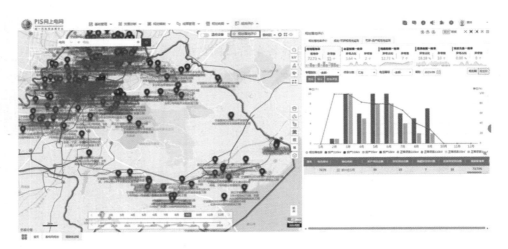

图 3.171　规划落地评价

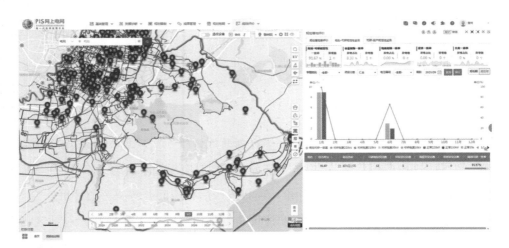

图 3.172　可研规范性监测

　　③单击"可研—投产规范性监测"，进入可研阶段与投产阶段项目的偏差分析界面，如图 3.173 所示。

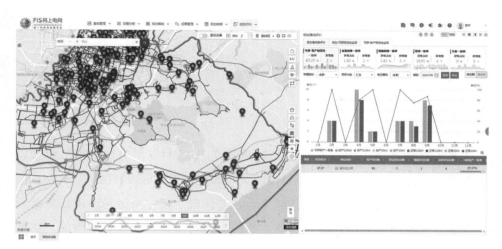

图 3.173　投产规范性监测

4. 网上电网典型案例应用

4.1 城市配电网规划案例

4.1.1 工作背景

1）新区概况

某地区新区位于东海之滨，于 2020 年 7 月 13 日获某省政府批复设立，2020 年 8 月 20 日正式揭牌，是某省设立的第 6 个省级新区，也是某市委、市政府举全市之力打造的市本级战略平台。新区以"长三角民营经济高质量发展引领区、大湾区临港产业带合作新高地、浙东南先进制造业引领区、某港产城深度融合新城区"为发展定位，由某循环经济产业集聚区、某高新技术产业园区整合提升而来。

2）发展规划

某地区新区在"十四五"期间的总体规划由优势产业、战略性新兴产业、现代服务业、休闲旅游业 4 大产业体系组成，4 大产业体系又分别细分为 11 个方向，共同组成新区的各个板块。

新区北部以科创中心、新材料、医药健康三大板块组成，聚焦高新技术开发、高新材料研发、新医药等新兴产业孵化，营造优良"双创"环境，打造集创新中心，商贸中心和文化创意中心于一体的科创高地。

新区中部以智能制造工业、无人机、飞机关键零部件制造产业及新能源汽车、汽车零部件制造等产业为主，该区域主要以打造国家级汽车及零部件产业基地、智能缝制产业基地为目标，重点扶持高端装备制造、新材料等产业。

新区东部、南部为城市核心服务区及生态休闲旅游区域，重点发展商务服务、现代金融、科技研发等现代服务业；以"六境绿心"为核心吸引，以自由行都市型旅游度假区为突破，建成以山水休闲度假为核心，以"自由旅居生活"为特色的集山水观光休闲、文旅创新体验、时尚休闲度假、运动康体养生等功能于一体的品牌生态旅游度假区。

4.1.2 主要做法

1）负荷电量情况

2022 年某地区新区总供电面积约为 197 平方千米，最大负荷约为 375.3 兆瓦，负荷密度约为 1.91 兆瓦 / 平方千米，2022 年全社会用电量为 23.16 亿千瓦时。

2）电网规模情况

截至 2022 年年底，某地区新区内共有 220 千伏变电站 3 座，变电容量 1 530 兆伏安；110 千伏变电站 5 座（图 4.1），变电容量 500 兆伏安；35 千伏变电站 2 座（图 4.2），变电容量 80 兆伏安。

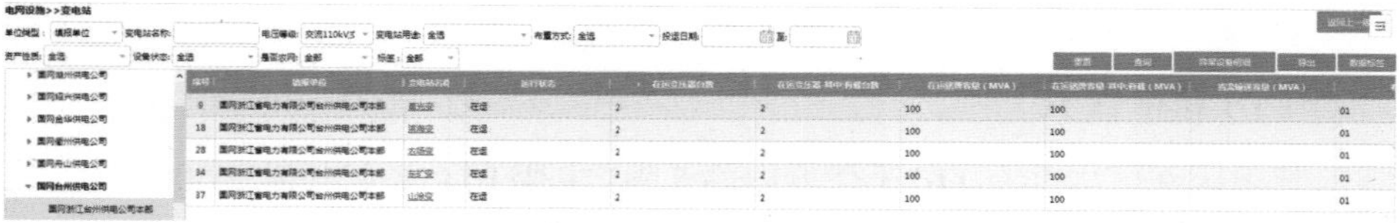

图 4.1　某地区新区 110 千伏变电站情况

图 4.2　某地区新区 35 千伏变电站情况

某地区新区内共有 10 千伏线路 241 条，线路总长 1 701.73 千米，平均主干长度为 3.36 千米，平均供电距离为 3.8 千米，平均每条线路装接配变容量为 6.57 兆伏安，如图 4.3 所示。从数据上看，某地区新区 10 千伏线路的数量还存在一定不足，平均装接容量已超目前常规线路载流量限额。

图 4.3　某地区新区线路规模

3）现状电网分析

（1）供电能力

某地区新区内共有 110 千伏变电站 5 座，主变 10 台，变电容量 500 兆伏安，共拥有 10 千伏间隔 134 个，已用 122 个；35 千伏变电站 2 座，共拥有 10 千伏间隔 28 个，已用 25 个。变电站 10 千伏间隔利用率为 90.74%，利用率较高。其中仅晨光变剩余 6 个间隔，其余变电站剩余间隔数均少于 3 个，周围区块用电接入较为紧张。

根据各变电站负载率情况，除 110 千伏山涂变、35 千伏界牌变外，其余变电站均已重载或处在重载边缘，供电形势严峻。

2022 年某地区新区 110 千伏容载比为 1.85，其中 1 台主变在 2022 年出现了重载现象（图 4.4），为 110 千伏滨海变。

110 千伏滨海变位于某地区新区智能制造区块（图 4.5），根据其配电线路展示情况来看，其 10 千伏线路主供医药健康、智能制造及城市核心服务区块，用电负荷较高，且未来负荷增长的速度极高，仅有 1 座 110 千伏滨海变必然无法满足该板块发展的用电接入需求。

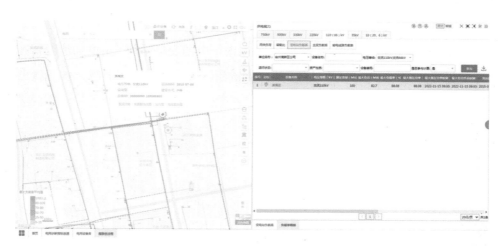

图 4.4　某地区新区 2022 年 110 千伏变电站重载情况

图 4.5　滨海变站内中压线路展示

　　根据各变电站站址所处板块情况及负载率情况来看,智能制造、都市农业、新材料板块的负荷水平较高,科创中心与城市核心服务板块的负荷水平相对较低,但变电站的负载水平不容乐观,急需新增 110 千伏变电站。

135

（2）网架结构

110千伏—35千伏电网：除区外向区内供电的变电站外，主供某地区新区的5座110千伏变电站地理接线图如图4.6所示（受展示比例限制，35千伏已隐藏）。

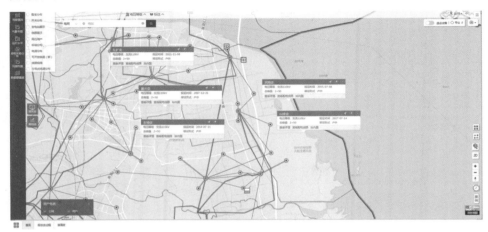

图 4.6　某地区新区高压电网结构

根据接线形式及变电站主变规模来看，某地区新区的110千伏变电站不存在单线或单变等严重主网架薄弱环节，仅存在1座110千伏农场变电源进线为双辐射形式，网架强度相对其余变电站来说存在不足。

另外，外来变电站主供生态休闲、物流板块的110千伏筑塘变的接线形式也为双辐射，上级电源为220千伏新市变，其可靠程度也相对较弱。

2座35千伏变电站都各自拥有1座220千伏电源，另一条电源进线则是与另一座35千伏变电站联络线，可靠程度存在相对不足。

10千伏电网：从网上电网规划全过程模块读取的数据可知（图4.7），在某地区新区241条10千伏线路中，共有179条完成了线路联络，联络率为74.3%，对于B类供电网格，导则推荐典型接线方式为多分段联络或环网形式，因此暂时还未达到较高的可靠性要求。其中，分段不合理线路共有36条，占比14.9%，需要改进。

图 4.7　某地区新区中压电网联络情况

从接线模式模块读取数据可知，某地区新区中压线路标准接线率为
64.2%，非标接线率为 32.9%，非标接线率占比较高，这给配网调度、负荷转
供及保供电方面的工作带来了一定程度的挑战，变电站间的负荷转供可能因
此存在难度，如图 4.8 所示。

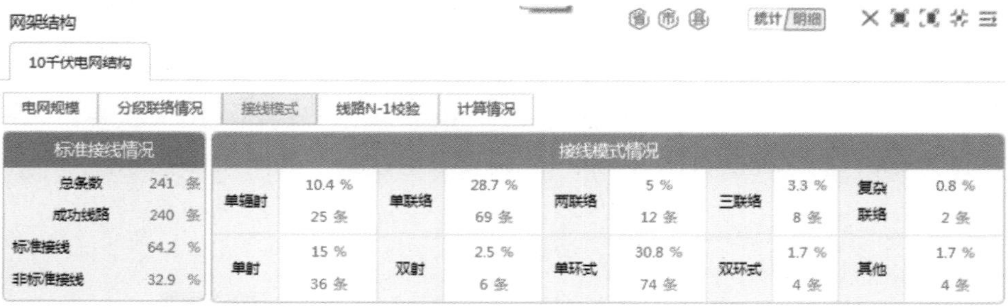

图 4.8　某地区新区中压电网接线情况

该地区新区的单辐射线路共 25 条，单射线路 36 条，共占总线路条数的
25.31%，数量相对较多，可靠性相对较差。

（3）装备水平

110 千伏—35 千伏电网：根据装备水平模块读取数据（含未设新区前变
电站）可知，某地区新区内高压变电站最大运行年限为 33 年，最低运行年限
为 5 年，110 千伏变电站运行年限较低，属近 10 年新投变电站设备健康状况
良好，如图 4.9 所示。

装备水平

序号	定位	单位名	变电站名称	变电站编	电压等级	投运日期	设备容量	变电站用	资产性质	投运状态	退役	运行年限	布置方式
1	⊙	国网浙	界牌变	8BBE59(	交流35kV	2008-03-01	48	公用	省公司(供	在运		14	户外
2	⊙	国网浙	三甲变	8BB7FC.	交流35kV	1989-07-16	32	公用	省公司(供	在运		33	户外
3	⊙	国网浙	盐场变	EFDAFD	交流35kV	2022-04-18	25	公用	省公司(供	在运		0	户外
4	⊙	国网浙	盐场临时变	FA478CI	交流35kV	2021-07-14	16	公用	省公司(供	在运		1	户外
5	⊙	国网浙	东扩变	8D73BB	交流110k	2011-11-08	100	公用	省公司(供	在运		11	户外
6	⊙	国网浙	王室变	8BB7EC.	交流110k	2013-04-25	100	公用	省公司(供	在运		9	户外
7	⊙	国网浙	农场变	8C396F!	交流110k	2014-07-11	100	公用	省公司(供	在运		8	户外
8	⊙	国网浙	晨光变	8BB7E6.	交流110k	2007-12-21	100	公用	省公司(供	在运		15	户外
9	⊙	国网浙	山涂变	8BB7E6.	交流110k	2017-07-14	100	公用	省公司(供	在运		5	户外
10	⊙	国网浙	资源变	8BB7D6	交流110k	2013-04-22	100	公用	省公司(供	在运		9	户外
11	⊙	国网浙	滨海变	8D738B	交流110k	2015-07-08	100	公用	省公司(供	在运		7	户外
12	⊙	国网浙	筑速变	C4601B(	交流110k	2021-06-04	100	公用	省公司(供	在运		1	户外

图 4.9　某地区新区高压电网设备水平

10 千伏电网：根据装备水平模块读取数据可知，某地区新区共拥有 10 千伏配变 2 485 台，其中专变 1 895 台，公变 590 台。根据柱状图，某湾区近 5 年配变容量飞速递增，目前总容量已达到 1 290.72 兆伏安。其中，老旧配变占比为 0%，高损配变占比为 4.92%，需要及时改造，如图 4.10 所示。

图 4.10　某地区新区配变规模情况

某地区新区线路情况如图 4.11 所示，无老旧线路段，运行情况良好，电缆化率为 63.96%。作为新兴产业区、东部沿海城市新区，电缆化率高是城市美观度提升、负荷发展水平增高的一种体现。

图 4.11 某地区新区配电线路规模情况

4）地区负荷特性

2022 年，某地区新区分公司最大网供负荷为 433.09 兆瓦，出现在 2022 年 3 月 22 日，同比增速 3.9%。而最小负荷为 45.79 兆瓦，出现在 2022 年 1 月 30 日。

最小负荷出现时刻为 2022 年春节期间，受春节期间大量务工人员返乡影响，地区用电负荷急速下降，因此出现全年最小负荷。

夏季负荷基本维持在 400 兆瓦左右，用电曲线较为稳定，整体呈现夏冬双高、春秋双低的负荷特性。

5）电网存在问题

主变重载问题：根据各变电站负载率情况（图 4.12），除 110 千伏山涂变、35 千伏界牌变外，其余变电站均已重载或处于重载边缘，供电形势严峻。因此，某地区公司急需新增 110 千伏电源点，解决周边主变重载问题，以满足未来地区发展要求。

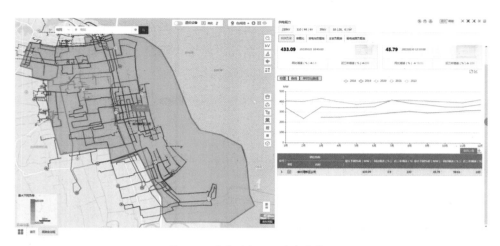

图 4.12　某地区新区网供负荷情况

从 110 千伏滨海变的运行曲线情况来看，其 2022 年最大负荷时刻出现在 2022 年 11 月 15 日，最大负荷约为 82.7 兆瓦，如图 4.13 所示。

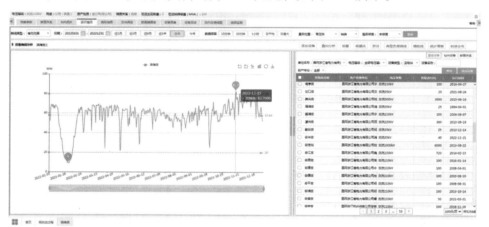

图 4.13　某地区新区滨海变负荷曲线

滨海变主供区域为智能制造和城市核心区块，是未来负荷发展的主要地区，因此急需新增 110 千伏变电站。

网架结构存在薄弱环节：在 110 千伏方面，仅 110 千伏农场变目前处于双辐射形式，电源点单一，主变负荷的转供存在一定困难，因此网架结构需要补强，例如通过新建 110 千伏线路或提高中压线路联络率、N-1 通过率来解决。在 10 千伏方面，线路的联络率有待提高，对于 B 类供电区域来说可靠性还存在不足。

6）规划建设方案

"十四五"期间，某地区新区分公司共规划了 3 个 110 千伏输变电工程，根据投产时间来看，湾区公司将依次建设 110 千伏拓展输变电工程、110 千伏建兴输变电工程及 110 千伏平安输变电工程，具体如图 4.14 所示。

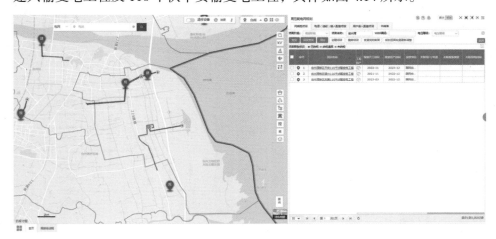

图 4.14　某地区新区高压项目规划情况

110 千伏拓展输变电工程：拟建设的 110 千伏拓展变位于某地区新区医药健康板块，预计主供医药制造园区、新材料研发及新兴技术园区负荷。其主变规模为 2×50 千伏安，变电站通过两回 110 千伏线路接入 220 千伏外沙变，形成双辐射接线形式，如图 4.15 所示。

220 千伏外沙变主变规模为（15+18+24）万千伏安，目前站内 110 千伏间隔已全部用完，已不足以支撑 110 千伏拓展变接入。因此 220 千伏外沙变需要对主变进行扩建，同时增加站内 110 千伏间隔数，以满足 110 千伏拓展变的接入需求，如图 4.16 所示。

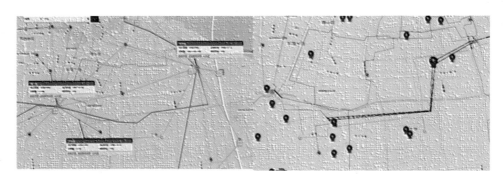

图 4.15 110 千伏拓展输变电工程改造前及改造后接线方式

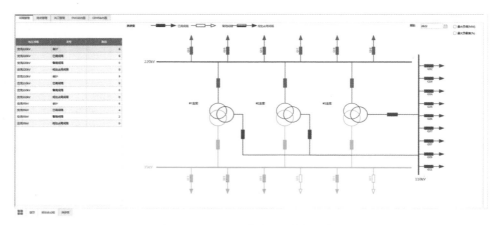

图 4.16 220 千伏外沙变站内拓扑情况

110 千伏建兴输变电工程：拟建设的 110 千伏建兴变位于某地区新区新材料板块，预计主供新材料研发及新兴技术园区负荷。其主变规模为 2×50 千伏安，该项目将门沙 1858 线、海沙 1857 线 π 开，新建双回线路将 110 千伏建兴变、沙北变接入 220 千伏海门变和 220 千伏外沙变，分别形成海门—建兴—外沙、海门—沙北—外沙两组链式接线，在解决新材料板块用电需求问题的同时，还提高了主网架结构强度，如图 4.17 所示。

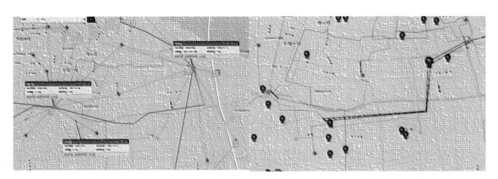

图 4.17　110 千伏建兴输变电工程改造前和改造后接线方式

4.1.3　应用成效

1）110 千伏拓展变配套成效

110 千伏拓展变及其配套中压工程建设后，能够与 110 千伏滨海变形成新的联络，原来由 110 千伏滨海变线路主供的医药园区负荷能够很好地倒至 110 千伏拓展变运行，从而解决滨海变中压线路供电距离长、主变负载率高的问题，如图 4.18 所示。

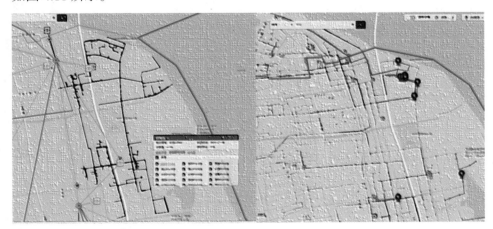

图 4.18　110 千伏拓展变中压规划情况

美中不足的是，110 千伏拓展变的电源接线形式为双辐射，电源较为单一，主网架强度存在不足，后续需要优化。

2）110 千伏建兴变建设成效

目前新材料板块地块开发程度不高，因此中压线路主干网架建设完整程度不高，建兴变站址西部、东部网架成熟度较高，南部生态休闲旅游板块负荷需求低。预计建兴变建成投运后，能够通过中压线路分流 110 千伏东扩变的主变负荷，同时向南延伸，与 110 千伏晨光变形成联络，更合理地划分变电站供区，减轻晨光变供电压力，如图 4.19 所示。

图 4.19　110 千伏建兴变中压规划情况

4.2　乡村配电网规划案例

4.2.1　工作背景

构建"一套电网弹性评价体系"，服务配电网转型升级。

围绕国网配电网高质量发展战略目标，深度剖析县域配电网在网架结构、设备基础、运行水平及可靠性指标等方面的问题，基于"网上电网"关键指标，创新构建电网弹性评价体系，发挥导向引领作用。以高弹性配电网评价体系为指导，全面量化评价配电网承载力、自愈力、互动性、效能4个方面指数，对比规划目标的满足程度，展示发展成效，聚焦电网薄弱环节，精准定位问题症结，提出下阶段发展目标及对策建议。

4.2.2 主要做法

1）电源情况

某地区本地电源装机规模和发电占比较小，新能源规模较小，主要依赖大网从外部输入。

（1）电源装机

某地区的本地电源装机以水电、火电和光伏为主。截至2023年8月，某地区电源总装机容量为13.4万千瓦。其中，水电和火电是某地区装机占比前二的电源，分别为9.9万千瓦和3.5万千瓦，占比为73.88%和26.12%。某地区光照资源禀赋不突出，光伏装机容量较小，占比仅为11.49%，如图4.20所示。

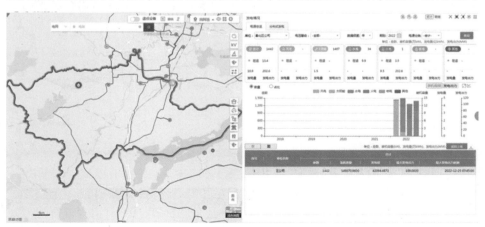

图4.20 某地区电源总览图

对比2022年同期，水电和火电装机容量保持稳定，基本无变化。光伏装机容量从1.49兆瓦增长到1.54兆瓦，增速3.36%，增长趋势稳健。

某地区电源总览图如图4.21所示。

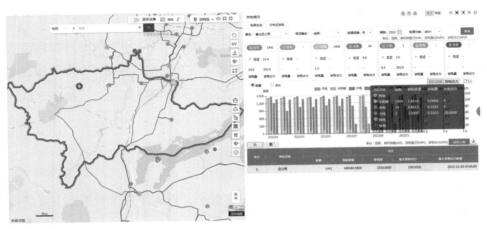

图 4.21　某地区电源总览图

（2）发电量情况

2022 年，某地区电源全年累计发电约 4.2 亿千瓦时，占该市全社会用电量（30.06 亿千瓦时）的 13.97%。火电仍然是本地电源中的出力主力，占比超过 90%。抽蓄的出力时间通常为白天的负荷高峰，起到了削峰填谷的作用。光伏和风电的发电占比较小。但某地区超过 80% 的电量仍然是通过外部输入的，电力对外依赖较强，如图 4.22 所示。

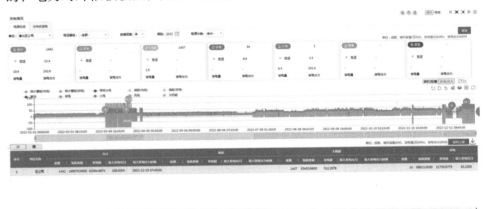

图 4.22　某地区各类电源发电出力占比

综上所述，某地区的本地电源以传统能源火电为主，抽蓄作为补充，装机规模较小，为受入型电网，未来仍将主要依靠大电网供电。

2）用电分析

某地区电力用户以低压用户数量最多，第二产业高压用户用电量最大。2022 年，某地区公司用户总数 348 114 户，总容量 181 万千伏安，总用电量 30.05 亿千瓦时，如图 4.23 所示。

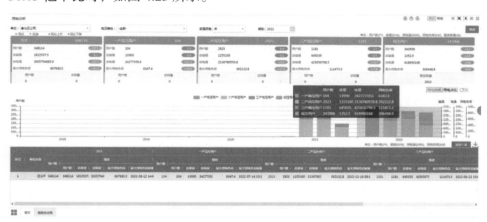

图 4.23　某地区分产业用户用电量

高压电力用户以 10 千伏接入为主，少量二、三产业高压采用 110 千伏和 35 千伏电压等级接入。高压用户主要聚集在某地区北部的平原地区和东部的沿海地区，西部山区的高压用户较少。第二产业高压用户用电总量为 21.36 亿千瓦时，占比超过 65%，与某地区工业为主的城市发展格局相匹配。低压用户以 220 伏接入为主，用户数量最多，以居民用户为主，户均用电量较小，如图 4.24 所示。

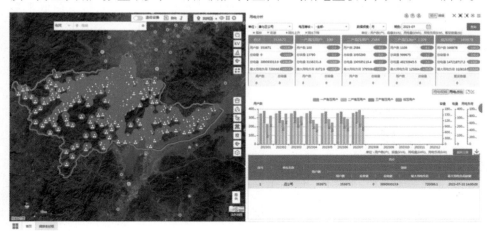

图 4.24　某地区用户地理分布图

3）电网情况

（1）110千伏

网供负荷：近年来，某地区110千伏网供负荷稳步增长，从2021年的732.48兆瓦增长到2023年的811.88兆瓦，近三年增速为3.49%，如图4.25所示。

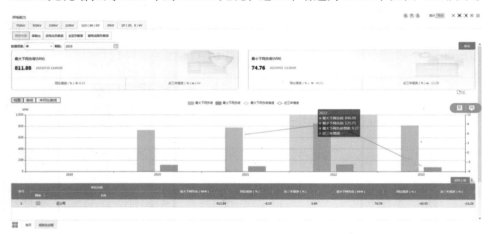

图4.25 某地区110千伏网供负荷

年负荷特性：某地区年负荷特性曲线整体呈现冬夏"双峰"特征，季节性负荷差异大，如图4.26所示。

从2022、2023年月最大负荷曲线图可以看出，受气温季节的影响，年最大负荷出现在夏季，7、8月持续最高负荷，而春秋两季负荷明显偏低，冬季负荷有所回升，但是低于夏季负荷。由此可见试点区内冬季取暖负荷低于夏季空调用电负荷。

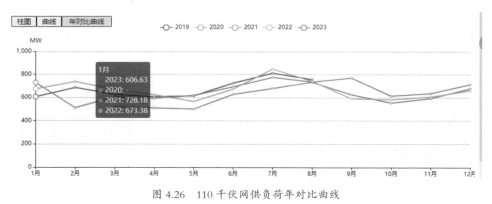

图4.26 110千伏网供负荷年对比曲线

日负荷特性：某地区夏季日负荷峰谷差较小，负荷高峰出现在 10—11 时，主要受夏季高温影响，负荷低谷发生在凌晨 5 时左右，日峰谷差率在 37.82% 左右，如图 4.27 所示。

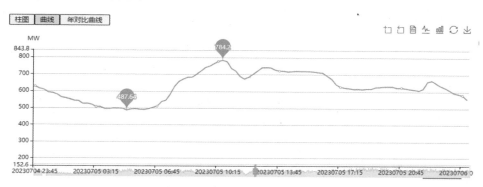

图 4.27　某地区夏季典型日 110 千伏网供负荷曲线

冬季日负荷曲线呈现"两峰两谷"特性，峰谷差较大，日负荷曲线峰谷差率超过 47%，凌晨 4—5 时出现负荷低谷，如图 4.28 所示。

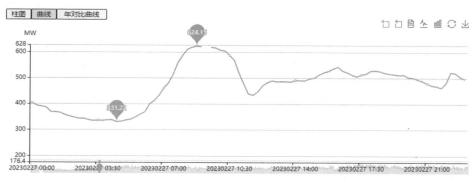

图 4.28　某地区冬季典型日 110 千伏网供负荷曲线

设备情况：变电情况，截至 2023 年 8 月，某地电网 110 千伏变电站共有 19 座（其中户内变 3 座，户外站 16 座），主变共 39 台，变电容量 1 880 兆伏安。线路情况，截至 2023 年 8 月，某地区电网 110 千伏线路 26 条，线路总长 350.1 千米，其中架空线路长度为 147.82 千米，电缆线路长度为 202.28 千米。

设备运行年限：某地区电网 110 千伏设备总体运行年限较短，无明显老旧设备问题。110千伏主变平均运行年限 9.85 年，其中投运年限 0 ~ 5年的主变有 14 台，5 ~ 10 年的主变有 14 台，10 ~ 15 年的主变有 11 台，15 ~ 20 年的主变有 10 台，20 年以上的主变有 6 台，投运年限 20 年以上的主变分别为 110 千伏金钟变 1# 主变、110 千伏金钟变 2# 主变、110 千伏武岭变 1# 主变，后续需对以上主变加强巡视和维护，具体如图 4.29 所示。

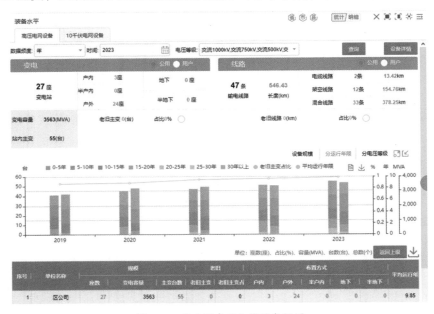

图 4.29　某地区高压电网设备规模

110千伏线路平均运行年限 9.81 年，其中投运年限 0 ~ 5 年的线路有 13 条，5 ~ 10 年的线路有 13 条，10 ~ 15 年的线路有 9 条，15 ~ 20 年的线路有 5 条，20 ~ 25 年的线路有 6 条，25 年以上的线路有 1 条。后续需对投运年限为 20年以上的线路加强巡视和维护，如图 4.30 所示。

容载比：某地区电网 110 千伏容载比为 2.32，高于导则建议值，整体供电能力充裕，局部供电不足，如图 4.31 所示。

2020—2023 年，负荷增长速度快于变电容量增长速度，110 千伏电网容载比稳中有升。从负荷和变电容量增长情况来看，某地区近三年年均负荷增长 3.49%。按照《配电网规划设计技术导则》要求，年均增速大于 2% 小于 5%

的地区，容载比建议配置为 1.6 ~ 1.8。2023 年，某地区 110 千伏容载比从 1.98 上升到 2.32，略超过导则建议值。2023 年某地区电网容载比升高的主要原因是新投产港区变和邱家变，供电能力进一步提升，电网投资适度超前，趋于合理。

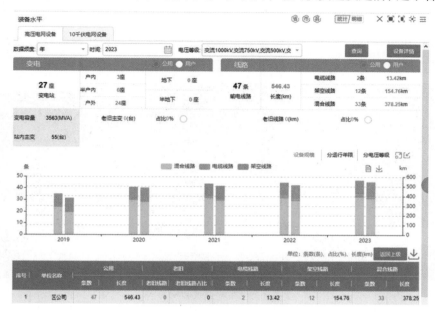

图 4.30　某地区高压电网线路规模

图 4.31　110 千伏容载比

分区容载比差异较大，"冷热不均"态势明显。某东分区、某西分区、某南分区由于区域发展较快，110千伏容载略显不足。从网上电网的控规用地可以发现，某东分区主要为居住用地和商业用地；某南分区主要为居住用地和工业用地，负荷密度较大，导致容载比偏低；某北分区负荷发展较为成熟，容载比相对较低；某中分区发展起步较晚，还未完全开发完成，容载比整体偏高，如图4.32所示。

图4.32　某中分区控规图

某东分区区域发展较快，110千伏容载略显不足。周边规划有大量居住用电和少量商业用地，待建成后电力需求较大。2023年，邱家变投产后，填补了楼岩变和大桥变之间的空白地带，提高了某东分区的供电能力，如图4.33、图4.34所示。

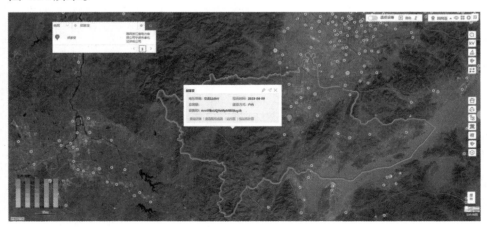

图4.33　邱家变地理位置图

图 4.34　邱家变周边控规图

新投产的港区变位于某地区北部的边缘地带（图 4.35），原来只有一座110 千伏方桥变为附近区域供电。该区域是未来某地区发展热点区域之一，规划有物流用地、商业用地和居住用地，待建成后电力需求较大，原本的一座110 千伏变电难以满足供电需求。某公司提前布点，体现了"电等发展"的理念。

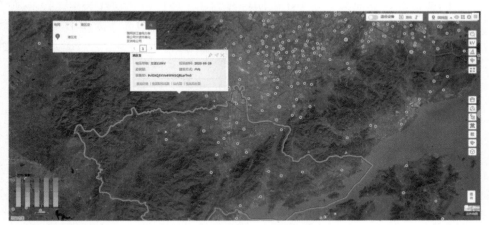

图 4.35　港区变地理位置图

2023 年某东分区和某南分区分别投产一座容量为 100 兆伏安的 110 千伏变电站，供电能力不足的问题得到了有效缓解，为区域发展提供了有力的电力保障。考虑到区域负荷增速和变电站建设投产周期，应加强规划前瞻性，强化某东、某南等热点区域负荷增长点分析，及时新增变电站布点，解决变电容量不足的问题，提高局部供电能力。

港区变周边控规图如图 4.36 所示。

图 4.36　港区变周边控规图

网架情况：某地区 110 千伏电网接线方式主要以链式接线为主，12 座变电站接线方式为典型链式接线。在 110 千伏变电站中，终端变较多，典型接线覆盖率较低，上级电源或进线故障、检修、限电时，负荷只能依靠配网转移，供电可靠性有待提高，部分变电站现状无扩建第三台主变条件，主变容量利用率低。

运行情况：2023 年，某地区 110 千伏变电站最大负载率平均值 49.06%（图 4.37），平均负载率 23.66%（图 4.38），相较 2022 年均有不同程度的下降。得益于 2023 年投产的邱家变和港区变，某地区最大负载率平均值相较 2022 年下降幅度较大，达到 12.93%。有 1 座变电站负载率超过 70%，为高楼变（79.23%）。与 2022 年相比，高楼变负荷略有提高。高楼变连续两年最大负载率超过 70%，需要重点关注。现已在高楼变西侧规划新建 110 千伏金海变 1 座，装机容量 100 兆伏安，预计 2024 年投产，新建金海变将新出线路分流高楼变负荷，解决高楼变负载率过高问题。

图 4.37 某地区 2023 年 110 千伏变电站最大负载率

图 4.38 某地区 2023 年 110 千伏变电站平均负载率

某地区 2022 年 110 千伏变电站最大负载率如图 4.39 所示。

图 4.39 某地区 2022 年 110 千伏变电站最大负载率

某地区 2022 年 110 千伏变电站平均负载率如图 4.40 所示。

图 4.40 某地区 2022 年 110 千伏变电站平均负载率

从变电站负载率分布来看，某地区变电站负载不均衡的问题较为突出。从地理分布图上可以看出，连续两年负载率较高的变电站主要集中在某地区中部的某东分区和北部的某南分区，再次印证了某东分区和某南分区的供电能力相对不够充裕。待邱家变和港区变配套出现工程完成后，可以分流周边大桥变、舒家变等负载率较高的变电站负荷。

武岭变、某北变两座 110 千伏变电站位于某北分区两侧，变电站布点较为合理，但由于主要负荷集中在武岭变周边工业地块，导致武岭变接近重载运行，而某北变负载不高，为缓解近期武岭变重载问题，计划由某北变新出线路进行分流。

某地区 2023 年、2022 年 110 千伏变电站负载率分布图如图 4.41、图 4.42 所示。

图 4.41 某地区 2022 年 110 千伏变电站负载率分布图

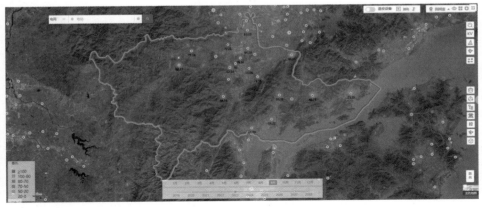

图 4.42 某地区 2023 年 110 千伏变电站负载率分布图

110 千伏电网主变负载率较高，存在少量重过载主变。2023 年，某地区最大负载率平均值 54.87%（图 4.43），39 台主变中共有重过载主变 3 台（其中重载 2 台，过载 1 台），重过载比例达到 7.69%。负载率较高的主要集中在某地区中部和北部。主变重过载集中发生在迎峰度夏。横向对比 2022 年共有 4 台主变重过载，最大负载率平均值 66.42%（图 4.44）。受益于 2023 年新投产的两座变电站，2023 年重过载情况略有缓解。高楼变 1# 主变连续两年重载，需要重点治理，后续可通过主变扩建、新增布点、负荷割接等措施缓解主变重载问题。

查看高楼变 1# 主变的负荷曲线，2023 年高楼变 1# 主变全年的负载率较高，重过载出现在迎峰度夏期间。高楼变 1# 主变主要供应周边的工业用户。2024 年在高楼变西侧将新建 110 千伏金海变 1 座，装机容量 100 兆伏安，新建的金海变将新出线路分流高楼变负荷，解决高楼变 1# 主变重载问题。

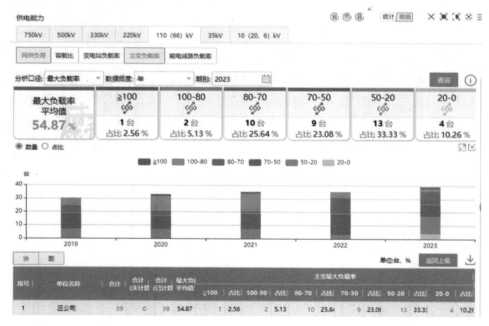

图 4.43　2023 年 110 千伏主变负载率情况

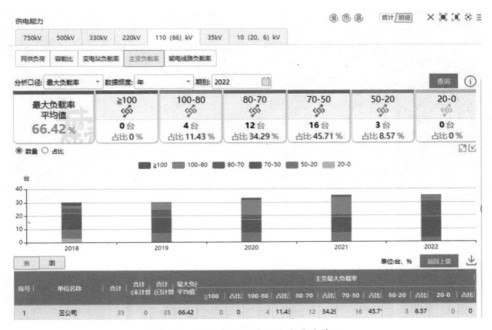

图 4.44 2022 年 110 千伏主变重载情况

2023 年主变重载地理分布情况如图 4.45 所示。

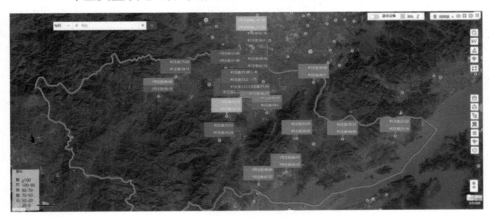

图 4.45 2023 年主变重载地理分布情况

2022 年主变重载地理分布情况如图 4.46 所示。

2023 年高楼变 1# 主变负荷曲线如图 4.47 所示。

2022 年高楼变 1# 主变负荷曲线如图 4.48 所示。

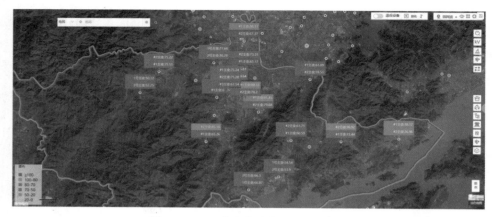

图 4.46 2022 年主变重载地理分布情况

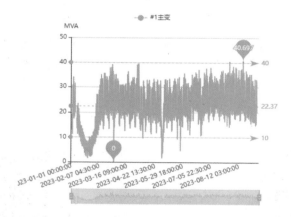

图 4.47 2023 年高楼变 1# 主变负荷曲线

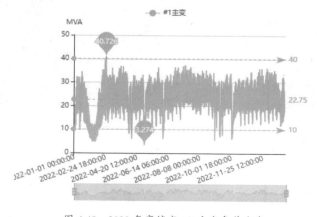

图 4.48 2022 年高楼变 1# 主变负荷曲线

同时，某地区 2023 年存在 4 台轻载主变，但都为 2023 年新投产主变，随着配套送出工程的完成，轻载问题将得到有效解决。

（2）35 千伏

①网供负荷。

近年来，某地区 35 千伏网供负荷增长迅速，从 2021 年的 22.46 兆瓦增长到 2023 年的 45.4 兆瓦，如图 4.49 所示，近三年增速为 26.44%。

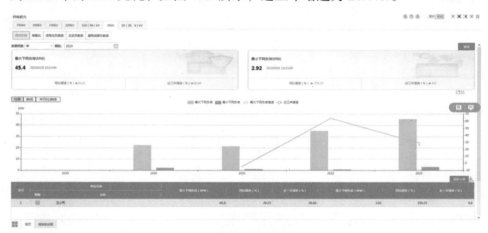

图 4.49　某地区 35 千伏网供负荷

②设备情况。

变电情况：某地区原则上不再发展 35 千伏电网，且已有原 35 千伏变电站将逐步退出运行，仅在偏远山区保留一部分。截至 2023 年 8 月，某地区电网 35 千伏变电站共有 5 座，主变 9 台，变电容量 1 880 兆伏安。

线路情况：截至 2023 年 8 月，某地区电网有 35 千伏线路 21 条，线路总长 196.33 千米，其中架空线路长度 6.94 千米，电缆线路长度 188.94 千米。

设备运行年限：某地区电网 35 千伏设备总体运行年限较长，但无明显老旧设备问题。35 千伏主变平均运行年限 11 年。投运年限 20 年以上的主变分别为 35 千伏尚田变 1# 主变、35 千伏尚田 2# 主变、35 千伏大堰变 1# 主变，后续需对以上主变加强巡视和维护。

35千伏线路平均运行年限12.57年，20～25年的线路有6条，25年以上的线路有1条。后续需对投运年限20年以上的线路加强巡视和维护。

某地区高压电网线路规模如图4.50所示。

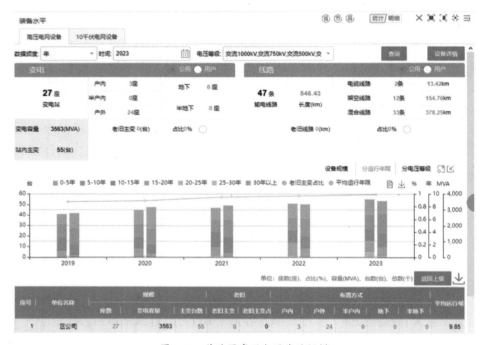

图4.50　某地区高压电网线路规模

③容载比。

2021—2023年，35千伏容载比持续上升，供电能力充裕。2023年，某地区容载比为2.71（图4.51），导致容载比超过导则建议值。主要原因是某地区35千伏用户用电量增速低于35千伏变电容量增速，导致容载比超过导则建议值。随着35千伏电压等级优化，投资建设逐步放缓，容载比将下降到合理区间。

④网架情况。

某地区35千伏电网接线方式主要以链式接线为主。

⑤运行情况。

变电设备负载情况：2023年，某地区35千伏变电站最大负载率平均值为

41.87%（图 4.52），平均负载率为 16.1%，相较 2022 年均有不同程度的下降。某地区最大负载率平均值相较 2022 年的 55.07% 下降幅度较大（图 4.53），达到 13.3%。

图 4.51　某地区 2023 年 35 千伏容载比

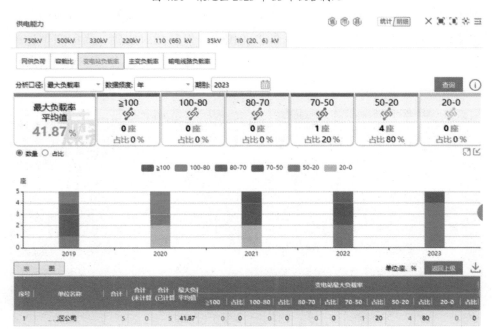

图 4.52　某地区 2023 年 35 千伏变电站最大负载率

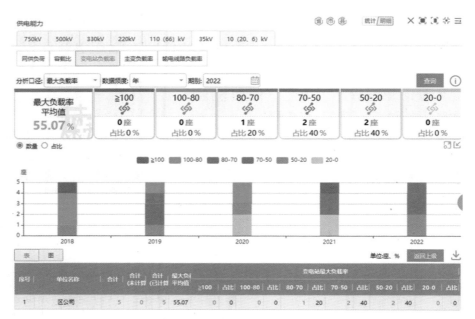

图 4.53　某地区 2022 年 35 千伏变电站最大负载率

　　最大负载率超过 70% 的变电站有 1 座，为尚田变，其余变电站负载率均处于 20% ~ 70%。连续两年最大负载率最高的 35 千伏变电站均为尚田变，主要供应周边地区居民用户和少量工业用户，发展相对成熟。尚田变重过载的主要原因是运行年限超过 20 年，主变容量较小，仅为 20.5 兆伏安，后续建议安排主变增容改造或变电站整体升压改造，如图 4.54、图 4.55 所示。

图 4.54　某地区 2022 年 35 千伏变电站负载率分布图

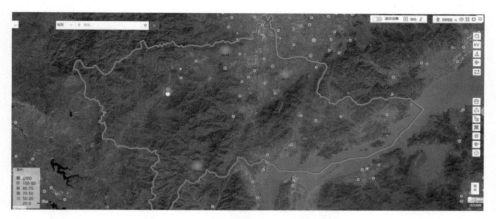

图 4.55 某地区 2023 年 35 千伏变电站负载率分布图

尚田变周边地块控规图如图 4.56 所示。

图 4.56 尚田变周边地块控规图

35 千伏电网主变重过载情况较严重。2023 年,某地区 35 千伏主变最大负载率平均值 50.86%(图 4.57),9 台 35 千伏主变中有重过载主变 1 台,重过载比例达到 11.11%。相较 2022 年的 52.05%(图 4.58),最大负载率平均值小幅下降 1.29%。尚田变 2# 主变连续两年处于重载状态,主要原因是该台主变运行超过 20 年,主变额定容量只有 8 兆伏安,容量较小。随着 35 千伏电压等级逐步优化,可适时安排主变增容或升压改造。

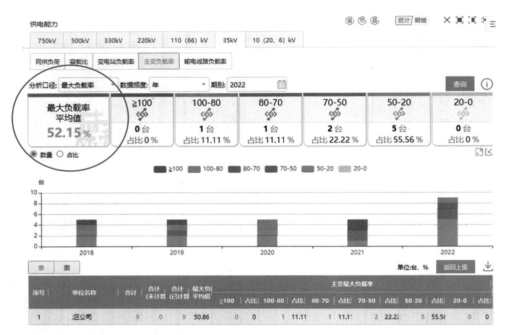

图 4.57 主变最大负载率统计

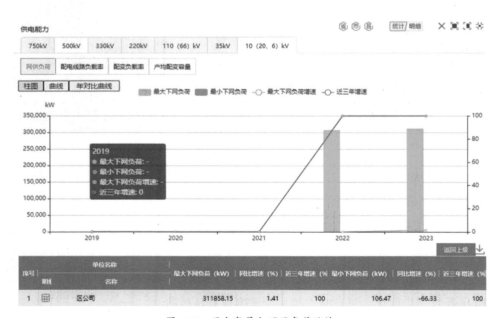

图 4.58 历史年最大下网负荷统计

（3）10 千伏

①网供负荷。

某地区 10 千伏网供负荷同比小幅增长，从 2022 年的 307.52 兆瓦上升到 2023 年的 311.86 兆瓦，如图 4.59 所示。

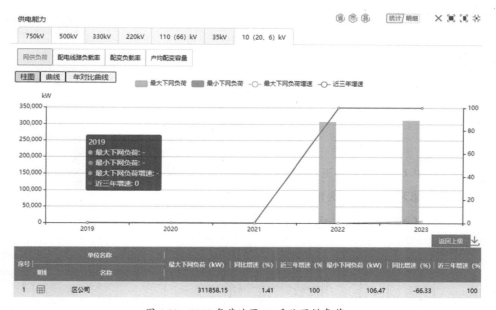

图 4.59　2023 年某地区 10 千伏网供负荷

②设备情况。

配变情况：某地区电网 10 千伏配变共 8 244 台，容量 3 440.72 兆伏安，其中专变 4 514 台，容量 2 068.95 兆伏安，公变 2 897 台，容量 1 381.43 兆伏安。公变共 1 697 台，容量 592.03 兆伏安，站内变 1 200 台，容量 789.4 兆伏安，如图 4.60 所示。

配线情况：某地区电网 10 千伏配电线路共 332 条，总长度 3 065.13 千米，其中电缆线路 73 条，混合线路 259 条。电缆线路 1 646.13 千米，电缆化率 53.71%，电缆化率较高。

设备运行年限：某地区电网 10 千伏设备总体运行年限较短，且无明显老旧设备问题。某地区电网有高损公变 10 台，占比为 0.12%，无老旧公变。配变的整体运行年限良好，老旧和高损配变占比较低，可以结合负荷发展情况进行增容改造，更换为高能效配变。

图 4.60　10 千伏配变装备水平

③网架情况。

分段联络情况：10 千伏共有线路 332 条，联络线路 247 条，线路联络率 81.2%。线路分段数小于 3 条的有 63 条，占比 20.7%，线路分段数大于等于 3 条小于等于 5 条的有 110 条，占比 36.2%，线路分段数大于 5 条的有 131 条，占比 43.1%，如图 4.61 所示。某地区配电线路主要存在的问题是线路分段不合理，有 152 条线路存在该问题。其中 131 条线路分段数超过 5 段，36 条线路存在负荷超过 2 兆瓦的大分支。线路分段不合理的情况主要分为两种情况：一种为整条线路均未安装分段开关，另一种为线路某段挂接配变容量过大或配变用户数过多，分段不合理主要影响停电时户数。

图 4.61　10 千伏电网结构

接线模式：某地区电网 10 千伏 332 条配电线路网架分析成功 304 条，成功率 96.8%，准确率 76.6%。网架分析失败原因是 10 条环路线路。准确率 76.6%，主要问题是存在孤立线路。线路标准接线率较低，仅为 45.4%。具体来看，架空线路中单联络线路最多，有 95 条，占比 31.2%，其次为两联络线路，有 63 条，占比 20.7%，单辐射线路 25 条，占比 8.2%，三联络线路 20 条，占比 6.6%。电缆线路中单环式线路最多，为 40 条，占比 13.2%，其次为单射线路，为 26 条，占比 8.6%，双射线路 11 条，占比 3.6%，双环式线路 2 条，占比 0.7%，其他接线模式 10 条，占比 3.3%，具体如图 4.62 所示。其形成的主要原因为 10 千伏线路联络过多，网架紊乱，后续需优化网架，减少非必要联络。

图 4.62　某地区 10 千伏电网接线模式

N-1校验：某地区电网10千伏332条配电线路N-1校验成功条数258条，成功率83.65%，校验不成功的原因是线路各分段均无负荷数据和联络线路无容量信息。N-1校验成功的线路中192条当月满足N-1校验，占比74.4%。66条当月不满足N-1的线路中主要的不满足原因是联络线路负荷缺失和线路辐射，具体如图4.63所示。

图4.63　某地区10千伏电网线路N-1校验

④运行情况。

配电设备负载率：某地区10千伏电网配变重过载较少。

2023年，某地区共有10千伏配变2 879台，10千伏配变最大负载率平均值31.47%（图4.64），设备利用率平均值8.51%（图4.65），共有13台配变重过载，占比0.45%，配变重过载情况较轻。最大负载率平均值较2022年的36.84%下降5.37%（图4.66），设备利用率平均值较2022年的6.73%上升1.78%（图4.67），重过载配变减少64台。在设备利用率平均值提高的同时，最大负载率平均值降低，体现了配变布点和负荷优化。配变长时间重过载会出现安全问题，影响供电可靠性。一是针对重过载且平均负载率较高的公变，建议尽快择址新建配电台区，割接原有负荷，降低设备负载率。二是对于平均负载率较低的公变，建议深入调研台区负荷特性，分析配变重过载原因，预测台区负荷发展趋势，对于未来再次发生重过载可能性较大的配变，可以在综合考虑技术经济效益的基础上采用新建台区、更换大容量配变等措施解决。

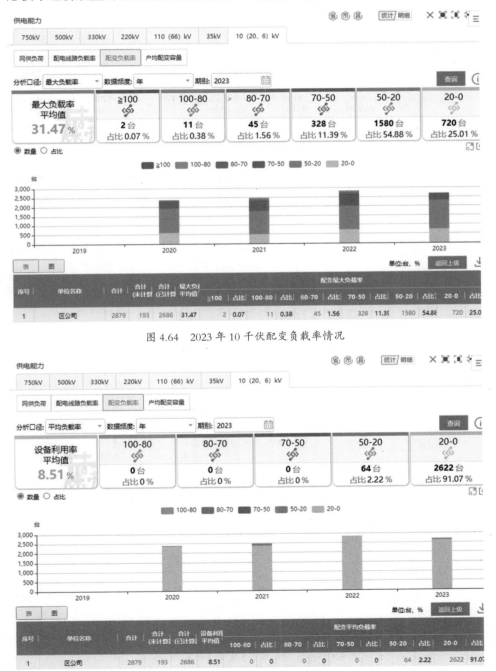

图 4.64　2023 年 10 千伏配变负载率情况

图 4.65　2023 年 10 千伏配变设备利用率情况

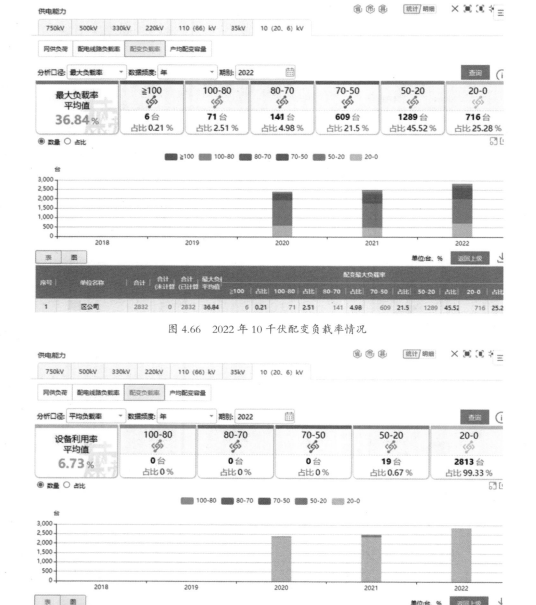

图 4.66　2022 年 10 千伏配变负载率情况

图 4.67　2022 年 10 千伏配变设备利用率情况

配电线路：某地区 10 千伏电网配电线路重过载较少。

2023 年，某地区 10 千伏配电线路共有 330 条，最大负载率平均值 46.67%（图 4.68），设备利用率平均值 13.62%（图 4.69），共有重过载线路 20 条，占比 6.06%，其中，重载 10 条，过载 10 条。最大负载率平均值相较 2022 年的 49.4% 略下降 2.73%（图 4.70），设备利用率平均值基本持平（图 4.71），重过载配线数量略有上升，过载线路增加 1 条，重载线路减少 4 条。对于装接配变容量较高导致的重过载设备，应结合负荷发展情况，考虑周边设备利用率，通过新出配电线路、轻载线路割接负荷等方式解决。对于出现重过载但运行效率不高的线路，应统筹各类负荷均衡接入，实现不同特性负荷的互补。对于运行年限超过 20 年的重过载设备，综合评估设备运行状态，避免设备"带病"运行，引发安全事故。

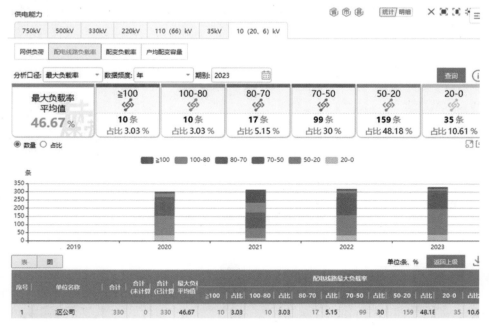

图 4.68　2023 年 10 千伏配电线路负载率情况

图 4.69　2023 年 10 千伏配电线路设备利用率情况

图 4.70　2022 年 10 千伏配电线路负载率情况

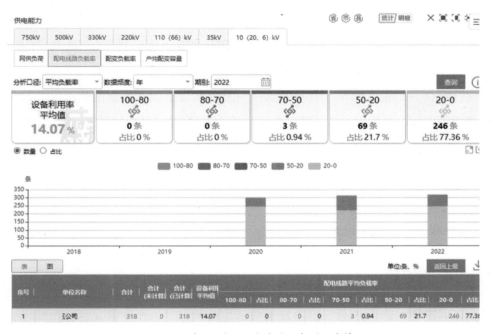

图 4.71　2022 年 10 千伏配电线路设备利用率情况

低效设备：某地区电网中压配电网运行效率较差。

10 千伏轻载配变 716 台，轻载配变占比 25.28%，占比较大。主要原因是新上小区项目较多，考虑充电桩等设备接入需求后，容量较大；另外，部分小区入住率不高，负荷暂时较小，造成设备轻载。

10 千伏轻载配电线路 35 条，轻载配电线路占比 10.61%，占比较大。主要原因是部分线路主供城区住宅小区，线路挂接容量较大，但小区负荷有待进一步增长，造成线路轻载问题。

某地区全域为农网，2023 年户均配变容量低于全省和某地市均值，与 2022 年相比略有提高。截至 2023 年 8 月，某地区配变总台数 3 823 台，其中配变（农网）2 834 台，配变（小区变）989 台，配变总容量 2 019.05 兆伏安，其中配变（农网）1 363.58 兆伏安，配变（小区变）655.47 兆伏安，用户数 426 087 户，配变（农网）327 607 户，配变（小区变）93 309 户，户均配变容量为 4.74 千伏安 / 户，对比 2023 年 4 月（4.42 千瓦 / 户）有所增加。小区变户均配变容量 7.02 千伏安 / 户，农网配变 4.16 千伏安 / 户，小区变户均配变容量高于农网配变户均容量。某地区户均配变容量 6.28 千伏安 / 户，某地区在某区户均配变容量仅高于某县，与某区在某市的发展程度相匹配。与全省均值（5.88 兆伏安 / 户）对比来看，某地区户均配变容量偏低，低于全省均值 19.38%，具体如图 4.72 所示。

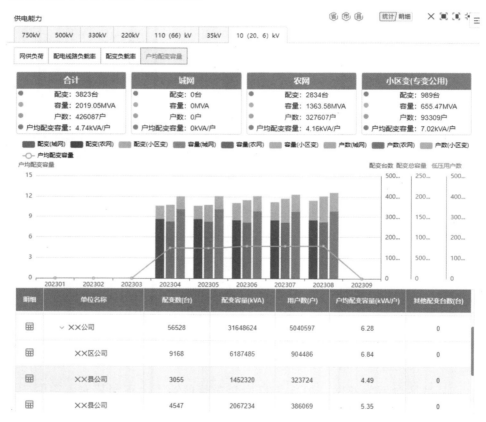

图 4.72　某地区户均容载比

⑤供电质量。

供电可靠性：某公司供电可靠性较高。2023 年 7 月，某公司供电可靠率为 99.995 8%，已达到 A 类区域的供电可靠性水平，其中城网供电可靠率为

99.998 9%，农网供电可靠率 99.995 6%。用户平均停电次数 0.205 3 次，用户平均停电时间 0.214 2 小时，如图 4.73 所示。

图 4.73　某公司供电可靠性

某地区停电总体情况较好。某地区电网台区总数 1 683 台，停电台区 87 台，占比 3.08%，停电用户 1 683 户，停电时户 6 318.43 小时/户。存在全停台区 7 台，占比 0.25%，存在频繁停电台区 0 台。停电次数 7 次，停电用户 1 234 户，停电时户 5 724.75 小时/户。非全停台区 80 台，占比 2.84%。停电次数 451 次，停电用户 449 户，停电时户 593.68 小时/户。影响供电可靠率的主要原因是故障停电时间同比有所增加，建议加强设备日常巡视维护，及时更换老旧设备，如图 4.74 所示。

图 4.74 某地区配变停电总体情况

非全停台区中有 6 个台区低压停电与大山 D314 线有关。大山 D314 线为山区线路，主要为架空线路，线路长度超过 20 千米，分支线路挂接公变数较多，架空线因小动物、雷击等影响，导致停电公变数较多，如图 4.75、图 4.76所示。建议对易遭雷击的山区线路进行防雷改造。

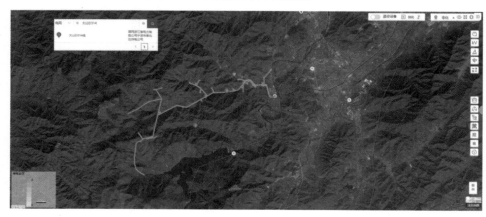

图 4.75 大山 D314 线路径图

图 4.76　大山 D314 线参数

台区电压越限：某地区电网台区电压越限情况不严重。某地区电网 2 820个台区中存在 27 个电压越限台区，占比 0.96%，越限率平均值 0.15。越限台区主要为越上限台区，为 24 个，占比为 0.85%。越下限台区 3 个，占比为 0.11%。越上限台区的越限程度大大超过了越下限台区。越上限台区的越上限率均值为 0.13，越下限台区的越下限率仅为 0.03，具体如图 4.77 所示。

对比光伏台区和非光伏台区，光伏台区只存在电压越上限问题，非光伏台区电压越上限和越下限问题并存，以越上限为主。

具体到分月，越限光伏台区和越限非光伏台区最多的都出现在 1 月，最少的是 7 月。台区越限与台区负荷情况密切相关，1 月临近春节，往往是全年负荷低谷，叠加光伏出力较大的时期更容易出现台区电压越上限的情况。反之，7 月是全年负荷高峰，光伏就地消纳能力更强。

从地理分布上看，电压越限台区具有集聚性，分别集中于北部某南分区，西部某北分区，中部某东分区，以及东南部某中分区。

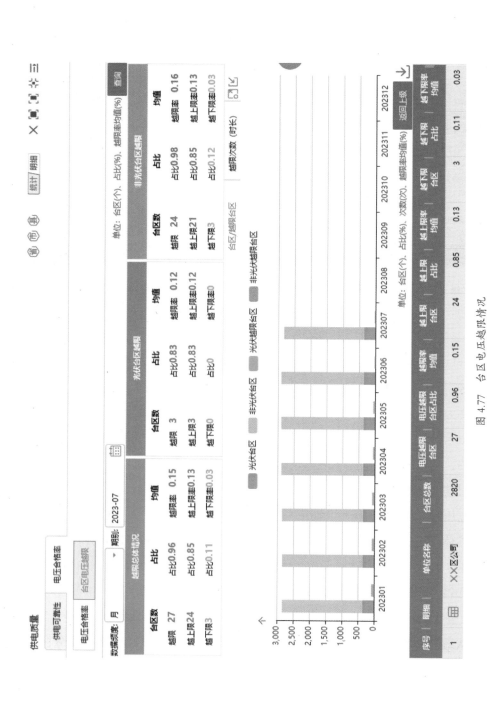

图 4.77 台区电压越限情况

电压越限台区地理分布如图 4.78 所示。

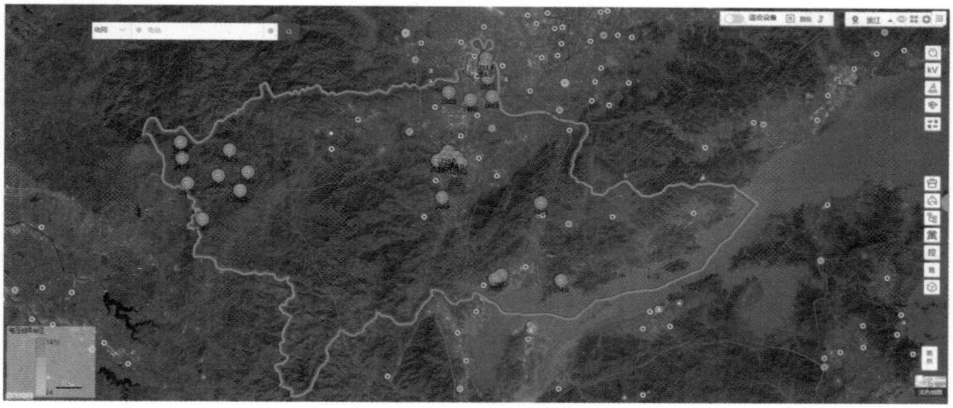

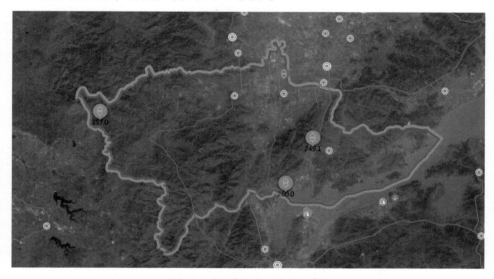

图 4.78 电压越限台区地理分布图

越限光伏台区地理分布如图 4.79 所示。

图 4.79 越限光伏台区地理分布图

对比同属于某中分区地理位置接近，主要负荷同为居民负荷的光伏越限台区和非光伏越限台区，光伏台区电压越限主要出现在凌晨 0—6 时负荷低谷期、正午 12 时光伏大发期以及 18 时左右。相比光伏台区，非光伏台区正午 12 时光伏大发期间的电压同样出现了越上限情况，但越限情况较光伏台区轻。

某中分区光伏越限台区（115 号变）电压曲线如图 4.80 所示。

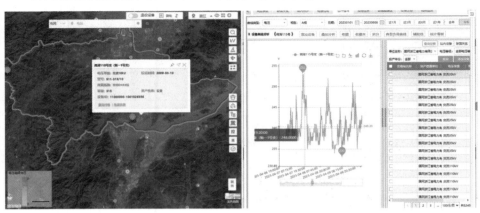

图 4.80　某中分区光伏越限台区（115 号变）电压曲线图

某中分区非光伏越限台区（104 号变）电压曲线如图 4.81 所示。

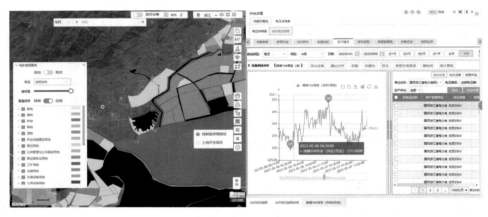

图 4.81　某中分区非光伏越限台区（104 号变）电压曲线图

光伏台区的接入模式以用户侧自发自用，余电上网为主，大量分布式电源并网使系统潮流呈现出双向特性，潮流倒送导致线路末端电压抬升，电压越上限主要发生在光伏满发时，可能导致电压越限问题。

电压越下限台区主要分布在山区，位于配网末端，线路供电半径通常较长，线路压降较大，配网线路末端低电压问题尤其突出。以某北赢家变为例，某北赢家变位于某地区西部边界，在葛竹 D899 线路末端，主要供应周边居民用电。选取典型日电压曲线可以发现，该配变电压越下限的时间出现在 10 时与 15 时左右，凌晨时段电压相对较高，与负荷曲线变化趋势相一致，可以判断是因该配变处于线路末端，负荷高峰引起低电压产生电压越下限。建议优化负荷分布、缩短供电半径或接入分布式光伏。

（4）存在问题总结

某地区现状主要问题为：

① 110 千伏电网。

2023 年某地区 110 千伏容载比为 1.93，从整体上看，110 千伏供电容量可以满足近期负荷发展需求，但由于各分区发展情况不同导致容载比分布不均，呈现出整体充裕局部不足的特点。建议在未来电源设施布局建设中需考虑各分区发展情况而作出相应调整。

某地区主变重过载情况较好。2023 年主变重过载情况较 2022 年有所缓解，仅有 110 千伏高楼变 1# 主变发生重载。高楼变 1# 主变连续两年重载，需重点治理。

② 35 千伏电网。

某地区原则上不再发展 35 千伏电网，35 千伏电网将逐步退出运行，仅在偏远山区保留一部分。主要问题是设备运行年限普遍较长，最老的变电站运行年限超过 20 年。

35 千伏变电站主要分布在偏远乡镇，总体负荷不高；35 千伏线路路径长、廊道条件差、运行年限久远、设备老旧；部分主变容量偏小、经济性差。

③ 10 千伏电网。

设备利用效率不高。有 10 回公用线路轻载运行，占比 26%。公用配变利用效率低，有 82 台轻载配变，占比 21%。

结构不够坚固。某地区 10 千伏线路联络率仅为 63%。

负荷转供能力弱。一方面由于线路辐射线路多，负荷普遍较重，导致线路 N-1 通过率低；大分支和主干线末端无联络情况多，一旦线路出现故障，会造成停电范围大的情况，从而影响供电可靠性。

4）电网弹性评估

（1）灵活资源

分布式光伏：某地区光伏发电渗透率较低。总装机容量 16.13 兆瓦，占比仅为 11.49%。全部为低压接入用户，共 1 407 户，分为全额上网和自发自用余量上网两种，如图 4.82 所示。

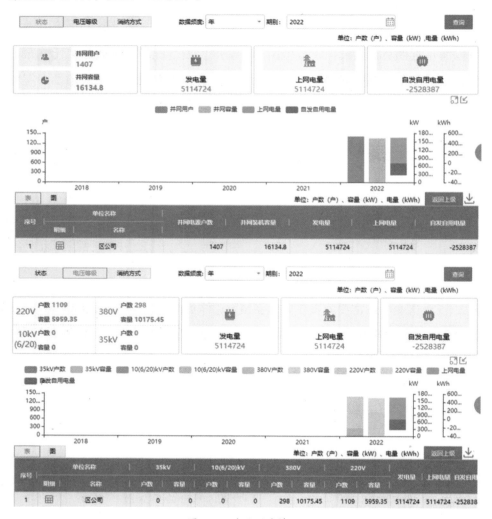

图 4.82　光伏用户情况

电动汽车充电桩：某地区充电桩规模近年来高速增长，2023 年总量规模达到 2 697 个。从电量来看，汽车充电桩用电量爆发式增长，同比增长 1 000%。受电动车空调负荷需求增多影响，电动汽车用电量增大，充电次数增多，在 8 月到达峰值，8 月汽车充电桩用电量为 2022 年的 18 倍之多，如图 4.83 所示。

根据电动汽车的发展现状及发展趋势，某地区近期电动汽车高速增长，随之而来的是充电桩充电负荷的激增。充电桩充电在夜间电网负荷高峰时发生最多，在充电桩爆发式增长下，充电负荷会使电网负荷增加、电压偏差增大，形成第二个峰值，致使电网网络损耗不断提升，导致电网的输电效率和供电质量都呈下降趋势，如图 4.84 所示。

（2）弹性指标体系

高弹性配电网评价体系选取与高弹性配电网典型特征相关联的关键指标，从而体现高弹性配电网三大理念，应能反映配电网服务经济发展和社会民生、配电网发展安全可靠和优质高效、规划投资经济合理等方面的情况，及时满足客户新增用电需求，并能充分考虑分布式电源及电动汽车等新型负荷的接入，适应智能化发展趋势。

高弹性配电网评价体系由高承载、高自愈、高效能、高互动 4 个分类共 16 个指标构成，具体见表 4.1。

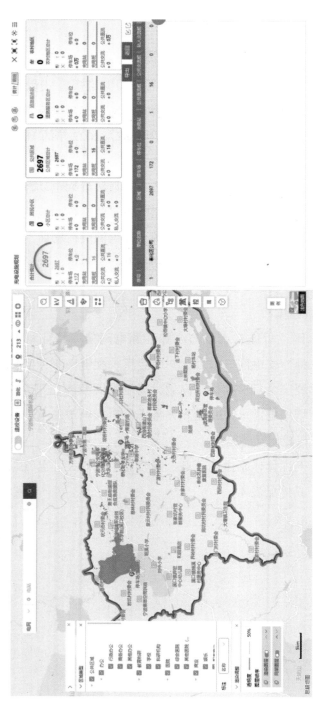

图 4.83　充电设施情况

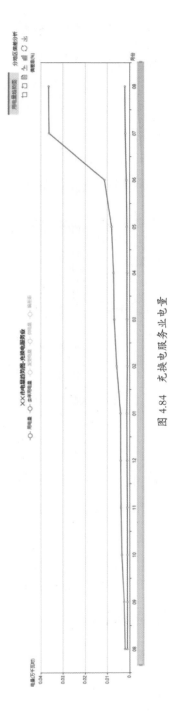

图 4.84 充换电服务业电量

表 4.1　高弹性配电网评价指标表

序号	分类	指标名称	指标释义
1	承载指标	标准接线率	中压线路接线模式符合导则要求的电缆单环网、双环网，架空多分段单联络、多分段适度联络
2		配线重载率	线路重载是指线路最大负载率超过80%，且持续时间达 1 小时以上
3		配变重载率	配变重载是指配变最大负载率超过80%，且持续 2 小时
4		线路重载率	线路重载是指线路最大负载率超过80%，且持续时间达 1 小时以上
5		主变重载率	主变重载是指配变最大负载率超过80%，且持续 2 小时
6		综合电压合格率	用户实际运行电压偏差在限值范围内的累计运行时间与对应总运行统计时间的比例
7	自愈指标	供电可靠率	在统计期间内，对用户有效供电时间总小时数与统计期间小时数的比值，记作RS-1
8		线路 N-1 通过率	满足 N-1 的 10 千伏线路条数占 10 千伏公用线路总条数的比例
9		线路分段合理率	满足导则规定的合理分段要求的线路条数占 10 千伏公用线路总条数的比例
10	效能指标	线路利用率	中压公用线路一年中的综合利用效率
11		配变利用率	公用配电变压器一年中的综合利用效率
12		综合线损率	10 千伏及以下配电网供电量与售电量之差占 10 千伏及以下配电网供电量的比例
13		单位投资增供电量	期末年供电量与期初年供电量之差与统计期内电网投资的比例
14	互动指标	分布式电源渗透率	分布式电源装机容量占区域年最大负荷的比例
15		充电桩渗透率	充电桩容量占区域年最大负荷的比例
16		负荷峰谷差率	反映典型负荷日区域峰谷差大小

（3）弹性指标指数

针对区域电网评价，高承载指标权重为 23.1%，高自愈指标权重为 26.5%，高效能指标权重为 31.6%，高互动指标权重为 18.8%。

表 4.2　区域电网评价指标权重设置

序号	一级指标	二级指标	层级权重 /%	指标权重 /%
1	承载指标	标准接线率	36.4	2.4
2		配线重载率		7.5
3		配变重载率		7.5
4		线路重载率		7.5
5		主变重载率		7.5
6		综合电压合格率		4
7	自愈指标	供电可靠率	21.2	8
8		线路 N-1 通过率		8
9		线路分段合理率		5.2
10	效能指标	线路利用率	29	6.5
11		配变利用率		6.5
12		综合线损率		8
13		单位投资增供电量		8
14	互动指标	分布式电源渗透率	13.4	2.7
15		充电桩渗透率		2.7
16		负荷峰谷差率		8

表 4.3　弹性指标评估结果表

分类	指标名称	单位	指标值	指标打分
承载指标	标准接线率	%	45.4	45.4
	配线重载率	%	6.06	93.94

续表

分类	指标名称	单位	指标值	指标打分
承载指标	配变重载率	%	0.45	99.55
	线路重载率	%	2.34	97.66
	主变重载率	%	0	100
	综合电压合格率	%	100	100
自愈指标	供电可靠率	%	99.9958	100
	线路 N–1 通过率	%	74.4	74.4
	线路分段合理率	%	50	50
效能指标	线路利用率	%	6.37	12.74
	配变利用率	%	8.51	17.02
	综合线损率	%	3.56	41.14
	单位投资增供电量	千瓦时 / 元	0.68	0
互动指标	分布式电源渗透率	%	11.62	11.62
	充电桩渗透率	%	2.19	6.26
	负荷峰谷差率	%	38.27	61.73

各指标评分与权重的乘积即为指标实得分，将各指标实得分累加后即为高弹性配电网评价总得分，即弹性指数。由此可得，某地区现状电网各类指标得分及弹性指数最终为：

承载指标得分：$F_1 = 34.43$

自愈指标得分：$F_2 = 16.55$

效能指标得分：$F_3 = 5.23$

互动指标得分：$F_4 = 5.42$

弹性指数：$F = F_1 + F_2 + F_3 + F_4 = 61.63$

某地区弹性指数得分仅为 61.63，其中效能指标和互动指标得分均较低，主要原因是线路和配变的利用率低，充电桩、储能布置较少。

4.2.3 应用成效

以量化分析为基础，深入分析某区电网各电压等级电网现状及其可持续发展能力，客观、真实、准确定位电网发展水平，明确电网发展存在的主要问题，提出准确有效的改善措施，为今后电网规划滚动优化和投资安排奠定良好基础。

一是"数智赋能"，全景展现某区电网整体运行水平。充分发挥图数一体、在线交互、人工智能的"网上电网"信息平台数字化优势，打造电网"云诊断"新模式。坚持用数据量化分析，用数据驱动决策，凸显地域特色。推动电网诊断方式变革，服务某区新型电力系统建设。

二是"立体诊断"，全方位多层次聚焦某区电网突出问题。利用"网上电网"贯穿各电压层级的数据基础，统筹全域和分区，由扁平化转向立体诊断。既有对于全域的整体诊断，也有结合负载率空间分布、区域容载比等指标的分区域精准诊断，为后续针对性精准规划提供决策依据。

三是"差异规划"，精准指引电网规划。以数据化直观呈现某区电网发展态势，以问题为导向，针对性精准提升电网供电能力。梳理现状网架的薄弱环节，以目标网架为导向，优化区域网架结构。深入分析源网荷匹配程度，有序推进清洁能源开发利用。

4.3 园区配电网规划案例

4.3.1 案例：某公司应用"网上电网"搭建"工业园区用电自动监测平台"开展用户的个性化服务

针对工业园区用户多、统计复杂、电量监测难的问题，某公司依托"网上电网"同期售电量监测模块，个性化定制园区用电标签体系，开展园区用电量的自动监测。以某地区新区为例，建立网上电网标签体系，可实现园区用电量的自动监测，辅助政府对工业园区规划的发展决策，探索电力大数据服务。

4.3.2　工作背景

　　某地区属于工业重镇，各类工业开发区较多，园区发展水平不尽相同，公司缺乏开展园区用电专题监测的工具，往往需要逐个查询园区用户用电量，人工统计整体用电情况，费时费力，并且监测频率与精度难以提升。综合以上情况，某公司依托"网上电网"同期售电量监测模块，个性化定制园区用电标签体系，开展园区用电量的自动监测。

4.3.3　主要做法

　　1）标签体系建立

　　以某市某区某工业园为例，开展园区用电监测。首先，在网上电网首页，进入同期售电量监测模块，打开售电量监测工作。单击分标签电量，进入标签设置界面，如图 4.85 所示。

图 4.85　标签体系建立

　　应用标签设置功能可以个性化定制需要开展监测的标签体系，如图 4.86 所示。单击"标签类型维护"按钮，建立标签体系的父级标签。针对某工业园，建立"园区用电管理"的父级标签。

序号	标签类型	标签类型编码	适用范围	创建人	创建时间	创建人单位	足迹	是否可以修改
1	新基建	5A667FEFF65A42...	国网		2020-06-09 14:23:09	总部		否
2	园区用电管理	8cbf35621b034a...	奉化市	俞刚志	2021-04-13 14:34:23	奉化市		是
3	test舟山	541690524bf445...	浙江	文洪君	2021-01-25 16:19:21	浙江		否
4	龙头企业	0a3c6b3de03148...	国网	黄屏发	2020-08-10 15:59:18	国网		否
5	重点行业用户	0b8df3c2cb4a47...	国网	黄屏发	2020-08-04 11:16:01	国网		否
6	百强用户	7a914fe58a7a4cc...	国网	黄屏发	2020-11-10 14:34:29	国网		否
7	涉美用户	ff880b2bb7d547...	国网	黄屏发	2020-11-17 15:26:34	国网		否
8	数字资产	5f15c38bf4504ee...	国网	陈志熔	2020-11-20 19:54:50	国网		否
9	规上企业	2CCE829A73B14...	国网		2020-06-09 14:23:09	总部		否
10	外贸企业	44F0CB86C2DC4...	国网		2020-06-09 14:23:09	总部		否
11	充电桩	0A46E6E9A5364...	国网		2020-06-09 14:23:09	总部		否

图 4.86 个性化定制监测标签体系

在完成父级标签建立后，在标签类型中，选择已建立的标签类型，进一步创建子标签体系，可以按照行业或电压等级个性化建立子标签，在园区用电管理中可建立某工业园用电标签，并以电压等级划分，分别建立了35千伏及10千伏的子标签，如图 4.87 所示。

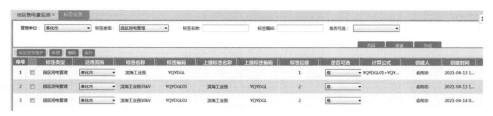

图 4.87 创建子标签体系

2）用户标签维护

在标签体系设置完成后，需要将园区用户标注上该标签，可以通过系统中的批量标签设置功能进行批量标注，操作界面如图 4.88 所示。

在该界面，选择标签模板下载，打开模板后，按照用户编号与标签编码进行模板维护，标签编码可以在标签设置中获取。模板维护完成后，选择批量标签导入，即可完成园区用户的批量标签设置工作。

通过批量维护功能，某公司对某工业园 119 个用户均打上了"园区用电管理"标签。

图 4.88　用户批量打标签

3）标签电量计算

在用户标签维护完成后，需要对标签电量添加计算，在计算控制模块的标签计算任务监控，任务类型选择标签计算，即可按需添加月计算或者日计算任务。系统默认会对新设置标签从设置日期、每日对标签电量按照 T-2 进行计算汇总，如图 4.89 所示。

图 4.89　对标签电量添加计算

4）园区电量监测

在计算完成后，在分标签电量模块的标签电量监测中可看到园区用电量的日监测与月监测，系统均能展示每月电量或每日电量，以及同期数据、环比数据，为公司开展园区用电量监测工作提供了助力，如图 4.90 所示。

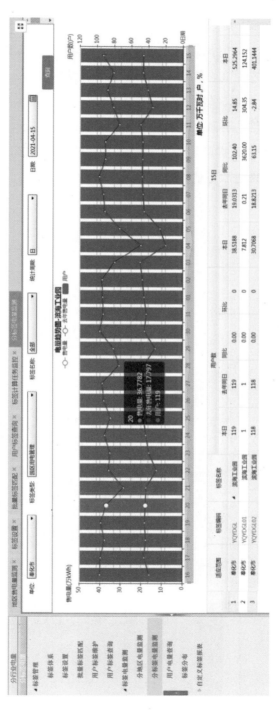

图4.90 园区电量监测

4.3.4　应用成效

依托"网上电网"，开展园区用电量监测主要有 3 个方面的成效：一是通过网上电网标签体系建立，实现园区用电量的自动监测，节约人力与时间；二是实现园区用电全掌握，最小颗粒度达到日，及时监测园区企业售电量，大大提升数据的实时性，有利于开展用户的个性化服务，提高用电服务水平；三是园区电量监测可以支撑政府对工业园区规划的发展决策，探索电力大数据服务，助力高品质推进服务地方社会经济发展。

5. 展望

"网上电网"将向基于数据的智能化决策支撑方向演进。电网从规划投资到资产管理,从安全运行到经济运营,随着大数据工作在电网各个领域的深入开展,"网上电网"的智能化决策模式将逐步形成,智能化系统提供的决策依据不再是简单的数据和报表,而是根据需求和智能化的分析计算后给出定制化的决策建议,依靠强大的数据基础和智能引擎支撑电网发展与运营。

利用移动 App、5G 等先进 ICT 技术,与泛在智能客户服务终端建立点对点的连接通道。通过不断拓展的综合能源、电动汽车、金融保险等业务,推动各类泛在智能用户终端(如充电桩、采集终端、能源路由等)与"网上国网"的互联互通,将服务延伸至客户与公司业务接触的泛在触点,实现连接及服务。

将电网规划建设、调度运行、客户服务、物资管理、故障抢修、防灾减灾等业务场景完成虚拟场景映射,全面集成和融合各场景规律识别、前瞻预判和规划决策功能,构建电网运行态势感知、趋势研判、动态呈现、预警规避等功能于一体的数字电网管理平台、客户服务平台、调度运行平台、企业级运营管控平台,将自学习、自优化功能融入电网管理过程中,助力电网资源配置自动优化和自动导航,实现数字化运营管理。

对电网内的能源要素、数据要素进行重组融合,整合多品相能源产业链,敏捷响应外部客户,提供综合能源服务。用全覆盖、深感知的能源块数据,提供不同颗粒度不同维度的数据增值服务,构建数字能源生态。